国家自然科学基金项目
（51508173）

U0201921

城市"缩小"
时代的再开发方向

识别性与可持续性

Identity and Sustainability
—— towards new ways of urban
redevelopment in an age of shrinking cities

【日】木下勇 【瑞士】汉斯·宾德 【日】冈部明子 著

沈瑶 谢菲 周恺 陈煊 译

沈瑶 校

中国建筑工业出版社

著作权合同登记图字：01-2013-8039号

图书在版编目（CIP）数据

城市"缩小"时代的再开发方向：识别性与可持续性／（日）
木下勇，（瑞士）汉斯·宾德，（日）冈部明子著；沈瑶等译.
北京：中国建筑工业出版社，2018.9
（城市规划理论·设计读本）
ISBN 978-7-112-22168-4

Ⅰ.①城… Ⅱ.①木… ②汉… ③冈… ④沈… Ⅲ.①城市空间-空
间规划-研究 Ⅳ.①TU984.11

中国版本图书馆CIP数据核字（2018）第088843号

原　著：アイデンティティと持続可能性（初版出版：2012年02月）
著　者：木下勇　ハンス・ビンダー　岡部明子
出版社：萌文社

本书由日本萌文社授权我社独家翻译出版发行。

责任编辑：刘文昕　孙书妍
责任校对：王　瑞

城市规划理论·设计读本

城市"缩小"时代的再开发方向　识别性与可持续性

【日】木下勇【瑞士】汉斯·宾德【日】冈部明子　著
沈瑶　谢菲　周恺　陈煊　译
沈瑶　校
*
中国建筑工业出版社出版、发行（北京海淀三里河路9号）
各地新华书店、建筑书店经销
北京锋尚制版有限公司制版
北京京华铭诚工贸有限公司印刷
*
开本：880×1230毫米　1/32　印张：$4\frac{7}{8}$　字数：144千字
2018年6月第一版　2018年6月第一次印刷
定价：30.00元
ISBN 978 - 7 - 112 - 22168 - 4
　　　（31925）

苏黎世西区

苏黎世西区：新与旧的组合

苏黎世西区：景观可以促进城市生活品质的提升

温特图尔（苏尔寿地区）：
艺术促进空间生成识别性

苏尔寿地区：旧工厂遗留的起重机活用到项目中

苏尔寿地区：艺术家临时合用的场所

纽-欧瑞康地区：奥利克尔公园

奥利克尔公园

纽-欧瑞康地区：MFO公园，有吸引力的公共空间

奥利克尔公园

MFO公园

丰洲：造船厂某部分做了景观设计

苏我：即将被拆除的熔铁炉

川口：雕塑承载了原啤酒厂的历史

北九州：开放空间使得周围环境联系起来

马尔默市西区海港：城市中有如度假般的感觉

在城市居住开放空间中创造微型自然

屋顶绿化、太阳能、垃圾处理后的有机污泥产生
的沼气等，使当地可再生能源自给自足

船屋是生活的独特性和多样性的
象征，船主来自丹麦

城市"缩小"时代的再开发方向

识别性与可持续性

Identity and Sustainability

—— towards new ways of urban redevelopment
in an age of shrinking cities

前言和致谢 I

本书选择从开放空间的观点，来研究迄今为止的日本市中心再开发。同时这也是与瑞士学者汉斯·宾德（Hans Binder）教授（瑞士伯尔尼应用科学大学）合作研究的成果，以瑞士和日本的产业设施遗迹再开发项目为中心，对"可持续的城市再开发"展开了研讨。当我向宾德教授介绍日本的案例时，他提出了"识别性"（identity）一词。当时被炒得火热的再开发项目，在他看来也不过是颗普通的金太郎糖。而与其意见相反的人士说"欧洲各国中，最执着于识别性塑造的应属瑞士人。而日本在制度上是有局限的，能在此局限下做出日本特色已属不易"。对于此反论的思辨一直萦绕在我的脑海中。

之后，我一有与城市中心再开发项目政府负责人和设计负责人会面的机会，就总会问他们"是如何考虑地域识别性的"。很多人都表现出诧异的表情，好像是第一次被问到这个问题。辻哲郎（1935）在其《风土》一书中写道，"废旧建新"是自然灾害频繁的日本的一种特性，亦是一种"风土"（2011年3月11日的地震及海啸灾害发生后，我们更是痛悟到了这一点）。也有建筑师提出新建筑也可形成新的识别性，景观设计师则更强调地形、开放空间、文脉的形成、与历史的联系，以及场所感的重要性。于是，我们决定开展这样一个课题的研讨，即在可持续性方面，识别性有着怎样重要的意义？这也是写作本书的基本动机。

本书以工业设施遗迹的再开发案例为中心展开论述。当然对已经完成的再开发项目而言，这些论述有点像马后炮。我更希望的是本书能够对今后的城市开发和空间创造有所参考和启发。

此外本书也是日本学术振兴会2011年科学研究费的研究成果。其研究基础是2007~2008年科学研究费补助金基盘研究（C）"关于可持续的地域管理型市中心整备研究"，本书也是上次研究的延续。在此也感谢日本学术振兴会的持续支持。

同时感谢以下人士对本次调研的支持：

苏黎世的弗兰兹·埃伯哈德先生（Franz Eberhard，苏黎世城市规划局原局长）、彼得·诺瑟先生（Peter Noser，苏黎世城市规划局副局长）、海因里希·古格利先生（Heinrich Gugerli，苏黎世可持续发展建设部部长）、妮卡·帕拉女士（Nica Pola，苏黎世温斯特地区原区域管理人）、山胁正俊先生（瑞士近自然学研究所代表）；

温特图尔市的沃尔特·穆门查拉先生（Walter Muhmenthaler，苏尔寿地区的顾问）、鲁埃迪·哈勒先生（Ruedi Haller，温特图尔市的城市规划师）、玛蒂娜·科尔·崔森梅耶博士（Martina Koll-Schretzenmayr，苏黎世联邦理工学院，ETH）；

巴塞尔的伊凡·罗森布施先生（Ivan Rosenbusch，巴塞尔市城市规划师）、马丁·沃尔特先生（Martin Walter，Drei Spritz地区的主任）。

还要感谢积极参加2008年8月召开的国际会议并给予我支持的泷本裕之先生（时任东京都都市整备局开发项目推进顾问）、山枡胜弥先生（三井不动产首席顾问）、大西隆教授（东京大学工学系研究生院）、大村谦二郎教授（筑波大学研究生院）、长裕二先生（当时就职于三井不动产，原东京都都市整备局局长）、新良京子女士（东京都）。此外，在调查和国际会议企划、准备阶段给予支持的山内浩德先生（三井不动产）、田村望先生（当时早稻田大学，现竹中工务店）、安德烈亚斯·顾恩特先生（Andreas Guenter，当时BFH-AHB的交流生），以及作为坚强后盾的瑞士大使馆。

在对瑞典马尔默市的补充调查中，要感谢巴·阿内·尼尔松（Per-Arne Nilsson，瑞士马尔默市都市开发&气候科科长）、佐佐木龙英、梅尔德·杨松（Märit Jansson，瑞士农业大学）。

此外，也要感谢众多自治体政府工作人员及专家支持并参与了我们课题组对日本国内市中心再开发项目的问卷调查和访谈调查。

我的同事冈部明子副教授（千叶大学研究生院工学研究科）、三谷彻教授（千叶大学研究生院园艺学研究科）提供了大量与研究相关的信息和很多好的启发，在此也一并表示感谢。

还要特别感谢我的研究搭档汉斯·宾德教授，以及将我和他的缘分联系起来的老友比特·施瓦岑巴赫先生（Beat Schwarzenbach）和乌尔兹先生（Urs Maurer），当然，还要感谢他们的夫人海尔格（Helga Binder）、弗兰茨（Fraenzi Schwarzenbach）和丽萨女士（Lisa Maurer），每次我到瑞士都受到了他们的热情款待。

感谢负责英文翻译及校对的莫里斯·杰金斯（Maurice Jenkins）的辛勤工作。

感谢负责本书出版的萌文社永岛宪一郎先生和青木沙织女士的辛勤工作。

最后，谨借本书的出版，再次对诸位的参与表示深深的谢意。

木下勇

前言和致谢 II

如今，世界上一半以上的人生活在城市。城市的建设活动也成为经济的核心牵引力，呈现出人类历史上从未有过的繁荣。

然而，城市生活的质量不仅仅在于物质，还在于一些更根本的东西。城市的再开发必须在经济、生态、社会方面具有可持续性。日本和瑞士的国家经济稳固，我认为其经济上是具有可持续性的，而且还会继续增长。因为经济的可持续性只需要应用现代技术就可达到的；然而社会的可持续性，也就是其价值，要衡量起来十分困难。因此，在城市开发中通常不被重视。

规划师们能不能改变这一状态，将那些可持续的社会特质纳入到规划中去呢？

我在从事教育和研究之余，也从事建筑师的工作，当我们将精力集中在建筑中时，不得不承认的是，并没有找到与提高品质（即社会性的品质）相适应的途径。然而为了让人们感受到城市生活的舒适，除了做出优秀的新现代建筑之外，还需要更重要的东西。城市居民周围所在的城市拥有怎样的品质？有怎样的公共空间？有什么污染？有什么交通工具？当然还有很多不同的论点。

而我们所关注的这一主题，越讨论越能真实感受到，这是作为现代城市人决不可放弃的需求，即拥有让自己觉得舒适和安全的领域、像家一样的场所。

瑞士对场所精神的理解颇为深入，谓之"地方精神"。对比日本神道教对圣地及领域的捕捉方式，我意识到现代城市规划中人类作为一种存在，已丧失了其基本的需求。越来越全球化、可复制的环境，让人感觉像家一样的空间特质已逐渐丧失。因此，我们又开始了追寻这种特质的实践。最初关注的就是场地内独特的识别性与气氛。

地球是人类唯一留下足迹的地方，从中找出印记，还要在场地内建立起独特的识别性，然后还要继续发展它，的确是一件难上加难的事情。

南瑞士最著名的建筑师、洛桑联邦理工学院（EPF）名誉教授路易吉·斯诺兹（Luigi Snozzi）说："建筑师在建造的最初，就应该想到要留下一个比初见时更好的场地"。如若城市规划师也能这样做的话，就是一大成功！

　　本研究项目是与20年前在东京旅行时认识的千叶大学的木下勇教授一起开始的。之后，我们曾一度失去了联系，因此，当再次见面并受邀参与日本与瑞士的可持续性城市规划比较研究时，我深感惊讶和荣幸。

　　最后，还要感谢给予此合作项目大力支持的海因茨·穆勒先生（Heinz Müller，伯尔尼应用科学大学AHB分校校长）。

汉斯·宾德

目 录

第1章　识别性与可持续性

几乎没有人会喜欢从同质到同质、从重复到重复的事情。即使做这些事情并不需要多少精力。

——引自简·雅各布斯（1961），《美国大城市的死与生》，兰登书屋，p119-120

木下勇

1-1 这是哪里？从日本城市再开发景象之印象开始

请看下方的一组照片（图1.1.a、图1.1.b），这是一个正在进行城市再开发的地区。如果我向你展示这张图片，然后问"这是哪里"，你觉得有多少人能给我一个答案？我在课堂上问过这个问题，没有人能够回答。如果我在东京问，人们会说是东京，如果我在大阪问，人们会说是大阪或者神户。那么到底什么样的特性才能让人们能够识别出这种再开发项目呢？

图1.1a 城市更新项目中的新城景观1　　图1.1b 城市更新项目中的新城景观2

在日本整体性城市规划体系和工作方法中，高度、使用类型和容量都是预先决定的，建设中使用的材料类型也基于理性决策。由于城市再开发通常采用"废旧建新"的基本思路（图1.2），这种空间和建筑物的配置方式，使得对地区历史背景的保护荡然无存，出现的完全是新的城市建筑（图1.3）。宽马路、超高层住宅或办公楼的形式都有可能被采用（图1.4）。

> **解答：**
> a=西宫市
> b=东京市

图1.2　日本的城市再开发项目

图1.3　旧工厂地块在废弃后被围栏封闭多年

图1.4　完全由建筑体量体现的空间印象

图1.5　六本木之丘全景

图1.6　开放空间，六本木之丘

尽管有证据表明采用诸如开放广场或者露天广场的形式有景观美化功能，可帮助满足限高和容积率的要求，但并不能实现整体的效果。

很多东京的城市再开发案例都备受瞩目，例如，六本木之丘（图1.5、图1.6）和"中城"项目（图1.7），外国建筑师主持的设计让六本木之丘的摩天大楼建筑拥有了很多独特的建筑元素。这使得六本木之丘成了一个非常成功的地标性建筑项目。如同纽约的帝国大厦、克莱斯勒中心一样，它们在一个高楼林立的地区主导着城市的天际线。它完全可以作为体现"地域性"的很好的案例，由此看出，建筑设计要素可以为塑造地区"识别性"做出重要贡献。但是，只需一个这样的建筑就足够满足这样的功能需求，如果每一栋建筑都是独特的，那整个片区的和谐性和整体性就会失去，地标建筑的反作用就会产生，从而造成地区识别性的混乱。

一般情况下，建筑师总是积极设计独一无二的建筑，并努力使其设计的建筑成为一个地区的视觉焦点。但这种描述主要还是针对个别明星建筑师，大部分设计师、建筑设计方案都是以预算作为首要约束条件，在一定的建设空置框架下进行建造。历史上关于国际风格的建筑或预制建筑的争论非常多，这里就不再赘述。随着以经济发展为主要要素的现代化的发展，老旧的、非理性的结构被强调生产效率、功能性、理性的新价值观代替，全国

图1.7　东京"中城"

范围内的建筑开始变得越来越同一化。这种同一化趋势不仅限于单个的家庭居住建筑，同时也影响了公寓建筑以及近年再开发项目中的高层建筑（图1.8、图1.9）。

图1.8　火车站前的再开发景观，泉大津

图1.9　火车站前的再开发景观，芦屋

1-2 全球化背景下的景观

在上述过程中，这样的开发过程（例如，各地车站前广场开发项目）常被批评，同一风格的扩散导致单个城镇个性的丧失（内桥，2001）。三浦用"快餐化"（与日语中食物的发音相同，意味着气候、地理、景观和文化的体现）来概括这一趋势，造成这一现象的建设活动不仅限于再开发项目，同时也包括街边大型购物中心和连锁商店的开发（三浦，2004）。有批评指出，那些基于当地地理特点产生的地方环境氛围往往被这些建造行为所破坏。

三浦的批评是以讽刺性口吻责问追求便捷的全球经济和生活方式，如以"快就是赢"、"时间就是金钱"等口号为代表的现象。但是，我们也必须注意到经济全球化中出现了从欧洲发源的"慢食文化"现象。意大利占主导地位的"快餐文化"已席卷全球。这其中也存在空间—社会影响要素，快餐、便利店与欧洲人民的身份认同不符。在竞争社会中，来自大规模生产、大众媒体的攻击是非常强大的，在这样的趋势下，小规模的努力和对流行趋势的反抗效力十分微弱。但是，我们仍然应当质疑，这种基于全球经济"金钱游戏"的社会模式是否有利于形成一个可持续的社会呢？

这样的情景好像米切尔·恩德（Michael Ende）（1973）在其幻想小说《毛毛》中的表述。虽然小说完成于40年前，但故事在今天仍然生动形象，可以说我们的世界正慢慢接近小说中描述的样子。《毛毛》表面上是以"时间"为主题，但如小说开始部分出现的圆形剧场所象征的空间，探讨的是"空间"和"交流"的问题。小说同时也指出，"货币"和"金钱"是我们需要解决的问题。并且，这所有的问题——时间、空间、货币和交流都是交叠在一起的。故事中的英雄毛毛，一个居住在剧场遗迹中的女孩（图1.10），拥有来自过去的记忆，每当当地居民遭遇痛苦的时候，都会来和毛毛交谈。每次毛毛只是专注地倾听居民向她讲述自己的问题，这些问题在交流中慢慢得到解决，然后他们满意地回家。简单地说，问题在交流的时间和空间中得到解决，而剧场正是集中承载这些历史记忆的场所。在这样一个帮助人们思考的空间力量框架下，人们开始认识到他们正在失去的东西，并进行自我对话，

图1.10 《毛毛》，恩德（1973）

忘记时间，重新找回失去的东西。由此，一个体现个体存在感和社会成员属性的日常生活环境得到描绘。这本该是社会应有的形态。但是，在一个灰色头发的时间储蓄银行推销员的诱导下，人们开始将"时间"作为一种财产储存、累积起来。从此，人们不再来和毛毛进行交流，和自己的对话也越来越少，整个社会开始向危机林立和壁垒重重的危险方向演进。

NHK电视节目《恩德的遗产》（河邑等，2000）通过电视采访了恩德如何表述他对全球金钱问题的认识（文字上的和语言上的），并以其对地方货币的关注作为这种对立文化现象的宣言。"货币"最初是用来进行货物交换的工具，同时，它也来源于人们在交换中创造的双方愉悦。最基本问题在于，"货币"成了投机买卖的对象，如书中描写的"金钱游戏"一样。恩德笔下的毛毛所反对的正是他认识到的货币蜕变趋势，并主张重新找回"货币"最原本的价值。

经济全球化的过程是单个国家的经济崩塌的过程，他们的市场份额萎缩，诱发全球性经济衰退的可能性威胁一直潜藏在全球化过程之中。全球化真的可以这样解读吗？一个投资者因为大金融机构操作的利率和股票市场的起伏而徘徊于兴奋和绝望之间的世界真的可以称之为经济吗？这个逐渐被快餐、购物中心、便利店、大型卖场覆盖的世界可以持续吗？这个过程就是我们说的全球化吗？哈维把全球化和新自由主义区分开来，他认为全球化是富裕阶级的利益积累在空间上的非均衡分异的过程（Harvey，

2005）。他的理论可以理解为包含对全球可持续发展可能性的不确定质疑。

　　回到之前的话题，我们看到城市再开发项目引导下建设的摩天大楼项目被用作办公楼、公寓、金融中心、信息产业总部，这些都是象征"全球金钱"的符号。我们不禁问自己，我们是否能让这些高楼大厦成为这个世界的主导。这个时代的精神可以通过崛江贵文（外号"活力门"）的故事体现。他是活力门公司的前总裁，活力门把他的公司和个人住所都选在六本木之丘综合体，其个人新闻和在六本木之丘内的一切讯息，都是大众媒体关注的焦点。但是，后来他的失败也就是因为在这样的"金钱游戏"中的行走迷失，同时也揭示了这些游戏规则有多么不可持续。泡沫经济可以给人们提供快速的致富基础，但这些财富也会像肥皂泡沫一样瞬间消失。

　　大西（2004）在《逆城市化时代》一书中提醒我们应当重新思考人类失去的一些价值观，例如，在发展压力和城市化压力下容易被忽略的与自然和谐相处的问题。他提出公园和游憩场所可以设置在车站前，而不是在高层建筑上。在"识别性"与"可持续性"的讨论中，他提出的这些问题很值得我们继续研究。

1-3　信号的海洋里

　　我在课堂要求同学们绘制他们初中、高中学校所在城镇的心理地图（图1.11）。地图上有一般性的标准符号，如医院、学校等，同时也有一些不太常见的地图符号。出现最多的非标准符号是快餐店，如麦当劳、迷你甜甜圈店等等，同时，还有罗森、全家、圆K、迷你岛等便利店。你可能会问："这是哪一个城镇？"我只能说只有隐约的山体线能体现出一点地区性特点。常常有人告诉我快餐店和便利店是初中、高中学生常常出没的地点。如果这就是学生心中的城市地图，应当引起我们怎样的思考？

在《消费社会的神话与构造》一书
中，鲍德里亚（Baudrillard，1970）提出
在高级消费的社会中，人们的行为是受
到通过大众传媒传递出的各种"信号"所
驱动的，同时，他指出个体的存在性可
能在这种情况下削弱。鲍德里亚提出的
这一观点在沃卓斯基（Wachowski）兄弟
创作和导演的《黑客帝国》系列电影中得
到体现，剧中戴墨镜的特工史密斯创造
出了无数自己的翻版（图1.12）。特工史
密斯实际上与恩德的《毛毛》中时间储蓄
银行推销员扮演的角色是一样的。

图1.11　一个少女画的心理地图

　　当前的社会是高密度消费和高密度
信息的集合体。我们每天可以通过电脑
搜索世界各个角落的信息，不需要考虑
空间的距离和时间的差别，信息在全球
范围内迅速的传播。这是否就是我们生
存的空间和时间的意义呢。

　　寺山修司，一个先锋派英语剧作家、
诗人和作家（寺山，1975）说道，"信息
社会是一个涵盖很多支系的宏大范畴，人
们正是通过信息的均衡扩散认识到自己存
在的渺小"。基于这样的假设，由寺山指
导的边缘剧场小组"天井"提出一个关于
个人和社会关系的问题，指出对市民社会
封闭性的极端忧虑，包括由此造成的非法

图1.12　电影《黑客帝国》（导演：沃
卓斯基兄弟，http://trynext.com/review/
page/booolfahdo.php）

进入居民房屋事件。即使是早期，剧场小组也认识到文明会在民众中产生
分异感，这对建设整体性社会是不利的。识别性的危机由此产生。

关于识别性和可持续性

　　我想先论述"识别性"和"可持续性"这两个概念,然后再讨论这两个概念之间的关系。

a. 什么是"识别性"

　　1987年布伦特兰夫人(Brundtland)在报告《我们共同的未来》中提出了"可持续性"的概念,1992年在巴西里约热内卢召开的联合国环境开发会议(地球峰会)中,"可持续发展"被认定为一个应由全球共同解决的问题。"全球变暖"议题已经被认为是常年出现的气候现象,包括局部洪水和热浪、寒潮、龙卷风和其他自然灾害,人们已经开始认识到气候变化问题的急迫和剧烈。但是,世界对全球变暖问题的应对行动还是落后的。人类未来的可持续与否取决于我们是选择短期的经济利益得失还是长期的发展。

　　这些问题和城市发展是不无关系的。在城市规划领域考虑环境问题不会因为某种姿态的表达而轻易解决。当前,我们需要的是能够展示城市规划对于环境问题所做贡献的大量数据。

　　对于可持续性来说,这里谈到的环境视角固然十分重要,但是从经济视角和社会视角来分析可持续发展同样不可忽视。

　　在这样的背景下,当前的问题是:城市在发展的过程中,"识别性"和"可持续性"之间是怎样一种关系?这个问题与前文提到的时间、空间、货币及交流的问题是紧密联系在一起的。

　　"识别性"是一个使用很广泛的概念。最初,它被用于表达"事物本质"的同时性,如著名的说法"人每次踏入同一条河流,水流都是不同的",以及柏拉图的理解"赫拉克利特说所有事物都是运动的,没有东西是静止的,如果把存在的事物和流动的河流对比,没有人能够两次踏入同一条河流"(Cratlyus 402A)。赫拉克利特的名言中所谈的问题也许不是

"同时性"和"主观性"，而更多的是"社会性"，一种支持个体自我认知的集体属性。从归属感的角度理解，"社会性"的概念和"地域性"和"地区性"是相近的，包括视觉空间。

在《童年与社会》（Erikson，1950）和其他论著中，埃里克松放弃了"事物本质"这个当时哲学中常用的观点，基于人类的形成过程提出"自我认知"的概念，指出通过与历史、文化和社会的发展建立各种联系（Erikson，1959）来达到人类的形成。埃里克松特别指出了童年和青年阶段的重要性。他说"个体性"和"社会性"是相互关联的，这同时也引发对因个体归属感而形成的集体识别性，以及社会识别性的讨论。这也是地理、环境心理中"地域性"或"地区性"争论的来源。

在本章中，城市再开发项目中的"识别性"所指的就是上文谈到的"地域性"和"地区性"。

当前，"场所识别性"常常和"地域性"混淆使用，但是提到我们之前说到的心理发展视角，我们必须把认识过程中"人"的存在考虑进去。如同"地域性"和"国家性"的对比关系一样，更大范围区域中也必须考虑人拥有归属感的范围。这是一种相对的、由大大小小图层叠加在一起获得的范围，其中最小的空间范围就是"场所的识别性"。

b. 凯文·林奇的"识别性"

凯文·林奇（1960）认为场所的意向性由三个元素构成：识别性、结构和意义。这些要素的作用是同时的。其中"识别性"体现个性和单体性，如林奇（1960，P8）所说"意向首先需要对客体做唯一性的认识，确定其他事物的特点所在。"并且，由于"识别性"对每个人的意义是不同的，所以林奇指出在分析的早期阶段，意义和形态是分离的，研究应该更多聚焦于识别性与结构方面。至此，林奇提出"意象性"概念，用来解释"识别性"和"结构"共同框定下的空间特定。他认为通过"意象性"概念，利用"识别性"的启发和"结构"的控制力量，构建一个实用的环境意象。

林奇使用的"心理地图"方法如今已经运用在其他很多领域使用，如建筑学、城市规划、地理学、发展心理学、教育学和环境心理学。在这样的理论框架下，分析总结出"识别性"的五大要素：路径、边界、地标、街区和节点。

用林奇（1960，p.115）的话说"所有现存的城市区域都具结构和识别性，即使表现比较微弱（如泽西城）……"通常遇到的问题是如何在当前敏感的环境不断改变的过程中发现和保存强烈的意向，改善难以认识的空间，更重要的是如何把深藏于表象之下的"结构"和"识别性"发掘出来。

这里谈到"空间可持续性"与"识别性"的形成密切相关，空间是否可持续取决于我们是否能够成功的识别并保留城市中可变成强力意象要素的关键内容。以此为目的，利用"心理地图"进行的研究才会变得有价值。例如，他提出"个体或图底关系清晰、边界分明、围合感、界面反差、形体、密度、复杂性、体量、功能和空间置位，这些都是体现空间质量、体现空间识别性、增强空间可持续性、提高空间活力的重要元素"（Lynch，1960，p.133）。

此外，在有关视域范围和动态的篇章下，林奇建议"这就是可以增强坡度、曲线、渗透关系的清晰性，产生运动视差和透视体验，保持方向和方向变化的一致性，体现距离间隔的主要工具。"他进一步详细解释："因为城市是被动的感知的，这些品质是非常重要的，一旦可能，它们就会被用来构建城市结构，增加城市识别性"（p.107）。在"地名和意义"章节，他还写道："非物质特征可能提高一个元素的形象。例如，名称对具体的识别性非常重要"（Lynch，1960，p.108）。

林奇指出抓住过去长时间形成的城市意象并不断强化它，是增强"可意象性"的重要途径，也是工具和强化"识别性"的方法与基础。基于这些认识，不知道凯文·林奇如何看待新的开发项目以及"废旧建新"开发模式的广泛扩散。

首先，他认识到"一方面，设计师面对再开发项目中创造新的城市意象的任务……新的景观按照人的认知方式组织起来"。他同时提出："这些创造和再造活动应当通过一个覆盖城市或大都市区的'视觉规划'来指引，通过一系列控制和建议对城市视觉形式进行影响。这种视觉规划的编制应当以分析现有形式和公众的环境意象为基础，使用附件B中的分析技术。分析应该得出一系列图表和报告来反映公众的意象、基本的视觉问题和改善可能、关键意象要素和要素之间的关联、要素的详细质量和改善方法"（Lynch，1960，p.116）。他继续写道"设计师的目标应该是强化公众的环境意象，其可能包括新建或保持地标建筑、发展完整的视觉路径结构、建立主题街区、建立清晰的空间节点。最重要的是，他应关注要素之间的相互关联，认识到运动的认知过程，并把城市作为一个整体来构建视觉形态"（Lynch，1960，p.116）。

简要地说，林奇不仅提供了一个调查方法和城镇意象的分析手段，他的意图是在分析的基础上提供一个用于增强城市意象的逻辑方法。在帕特里克·盖迪斯爵士（Sir Patrick Geddes）提出基于城镇调查的规划理论的100年之后，在盖迪斯（1915）的基础上，林奇再次提供一个基本科学的城镇规划理论。这一划时代的理论试图通过"意象"和"识别性"的概念把规划的科学性与人的认知和感知结合在一起。

c. "场所识别性"和"非场所性"

林奇在《城市意象》（1960）中提出"意象性"的同时，更加强调的是"易读性"，但对于这一概念的强调逐渐变淡，直到《城市形态》（1981）。书中不仅保持对"易读性"的关注，同时描述了人们对"不易读性"的喜爱，人们对"惊喜"和"神秘"的期待。因此，"识别性"的意义开始转向分析个体经验所产生的各种意义的范畴。

阿普尔亚德继续着林奇的研究，他在五要素（如路径、边界）的基础上，进一步提出一批产生城市意象的其他要素（Appleyard，1980）：

• 从可意象的或新颖的形式中产生；
• 从人们在城市中移动观察到的可见性中产生；

- 从某些活动行为的角色定位中产生；
- 从建筑对于整个社会的重要性中产生。

最后一个要素中的"重要性"和"意义"的概念相近，关于重要性和符号性的争论也已经存在。关于"场所识别性"的争论也涉及了很多现象学和符号学的内容。

E. 拉尔夫（E. Relph）（1977）认为"场所识别性"是由物质空间要素、人文行为要素和重要性要素共同组成。他通过研究积累，对识别性形成内部性和外部性两方面的要素认识，提出"识别性"不仅是由可列举的各种要素构成，同时也是在社会关系的结构中形成的。作为这种观点的背景，拉尔夫提出"非场所性"的问题。他的这个概念被认为是很有贡献的，正是这个概念的提出开启了关于"场所识别性"和"场所精神"的全球讨论。拉尔夫指出全球同质化的演变趋势，并提出"非场所性"的不可避免。当前需要面对的问题是如何在当前框架下成功获得"场所识别性"。

拉尔夫运用皮亚杰的"同化"和"接纳"模型来解释"场所识别性"的形成。具体看，拉尔夫的模型是通过儿童与外部世界之间信号传输进行认识构建，这一过程通过反复的、交互的同化和接纳行为，在自我形成的过程中不断重新定义他们的认知图式。在这个基础上，拉尔夫总结出场所识别性是对同化和接纳过程的表达，它也是在知识社会化的过程中交互产生的一类东西。也许非场所性是不可避免的，但拉尔夫的确提到"必须保留不同的思维和行为方式的可能性"，从而才有可能最终建设"生活世界"。引用考克斯（Cox，1965，p.86）的话："'世俗化'的方法废除了古老的压迫并摒弃了无用的传统，要求具有持续的眼见和能力，使人的社会和文化生活归于它。"我们也能从克里斯托弗·亚历山大的书《模式语言》（Alexander，et.al.，1977）中发现相同的观点。

当他提到"一种从现有场所存在性中获得灵感的方法，一种人们对场所永恒的依恋，一种海德格尔（Heidegger）对住宅建筑和非建筑的原则性的定义"。这个观点的含义似乎与西田几多郎的"场所的逻辑"非常相近。

在海德格尔的《存在和时间》（1927）中，他写道："此在领悟着的存在是一种时间性存在，而时间正是存在之领悟的境域"。同样，杰出的日本哲学家（京都哲学学派的创立者）西田（1927）曾经写道："当空间、时间和作用力都被认为是思维的工具时，必然会有像高级意识田野一样的东西来在直觉经验的框架下重现客观空间"。

从以上的引文中看，虽然没有证据显示作者们之间有什么交流和沟通，但在西方和东方的研究中，对于认识问题的关注几乎是同时开始的。西田在描述研究背景（所谓"完全对立的自我"）的同时写道："在自我和环境的对立中，环境和自我、自我和环境都铸就了对方，同样，过去和将来在现在构成对立，造就了自我意识"（西田，1936）。

这里概述的观点对于提出可持续环境发展的主体行为者十分重要。这与后面将提到的拉尔夫的非场所性有一定重叠之处。

"人们有与重要场所发生关联的深刻需求，如果我们选择这种需求，并让非场所性的力量不受挑战的话，那么未来的环境就会变得不再重要。反之，如果我们尊重这种需求并提升非场所性，我们则有可能创造一个能反映和强化人们多样的体验需求的空间环境"（Relph，p.147）。

d. 第三空间 = 生活空间

从人类认知角度对环境进行的分析（如林奇的科学性探索）引发了对人性研究成果的关注，由此把空间放在社会背景下进行讨论。一个被广泛引用和接受的例子就是亨利·列斐伏尔（Henri Lefebvre）的《空间的生产》，通过本身与爱德华W·索加（Edward W.Soja）的理论合并使空间研究更广泛流行。列斐伏尔认同鲍德里亚所说的，主体性已经在高密度消费的社会中迷失了，并在批评个体生活造就消费社会的基础上，提出通过工业经济下的城市空间产物来再造主体性的可能；也就是说，他提倡城市的创造应当像"艺术品一样，在戏剧和艺术的合作下完成"（Lefebvre，1968）。列斐伏尔的论述关键在于空间不是独立存在的，它是由社会创造的，他认为城市的重要性体现在对城市"艺术品"的期待，你可以认为这是各种"城市空间创作"的艺术"项目"的结果。被认为是"艺术品"的城市应当能通过认识过程被认识能力解读，在这个基础上，列斐伏尔提出以下三个层次的空间概念（Lefebvre，1974）。

1. **空间实践**，包括空间产生与再生，以及各种社会形式的特殊区位和空间属性。空间实践保证了延续性和一定程度的整体性。对于社会空间以及任何社会空间关系的相关成员来说，这种整体性意味着需要保证一定程度的能力和行为。

2. **空间的表达**，与空间关系以及关系形成的"秩序"相关联，与知识、信号、编码和非"正面"相关联。

3. **表达的空间**，体现复杂的符号系统，包括编码符号和非编码符号，体现深层社会生活和艺术（最终不是成为编码的空间，而是成为用编码表达的空间）（Lefebvre，1974，Eng-p.33）。

需要提出的问题是："空间的表达"创建的城市空间和鲍德里亚提出的高度消费空间所创造的信号海洋是否存在共性？是完全复制，还是镜像复制？它们是否可以通过拉尔夫的非场所性理论进行交流，也就是说，它们能否建设能够被理解的空间？拉尔夫的技术能否产生建筑技术上的"视觉效果的绝对意图"？另外，从另一个相反的视角看，如列斐伏尔的《城市权利》中所写，"空间的再现"是一个以"艺术"和"娱乐性"为核心的认识实验。简单地说，这里的概念寻求利用揭示人类发现城市生活主体或市民活动的现象行为工具的救赎途径。

基于此，索加基于列斐伏尔的《空间的生产》提出一个批评全球主义的理论（Soja，1996）。他提出"感受空间"作为"第一空间"，是与现实物质空间相等同的空间。"第二空间"是"认识空间"，是人们形成了空间意象之后的产物。"第三空间"是"生活空间"，是"第一空间"和"第二空间"的辩证统一。"第三空间"的概念和米歇尔·福柯（Michel Foucault，1970）的"异托邦"有部分重叠。"乌托邦"是一种非真实的理想或图像，但"异托邦"存在于现实社会中，是包含有批评性（反对的要素）的异化的社会空间，它随时试图颠覆现实世界。索加的研究基于列斐伏尔的空间生产理论，与福柯的"异托邦"理论在马克思主义辩证法上相重叠，提出了与现实空间密切相关的一个观点。在高消费社会的整体框架下，空间如鲍德里亚所说的"影像"是由一系列符号的重复和镜像组成的世界，或者如翁贝托·艾柯（Umberto Eco）所说是一个"超越现实"的空间。也许洛杉矶可以反映这样的分析，抑或东京也能使用一样的分析方法。

将索加的研究翻译成日文的研究者加藤正洋（1998）指出，由于这里有一个不能被忽视的模糊概念，通过文字表述的和通过事物体现的空间"异托邦"存在差别，福柯的《词与物》（1966）和他1964年给一群建筑师做的讲座之间也存在差别，这种矛盾随着1984年福柯讲座记录的发表而开始显现。加藤特别指出这种模糊意味着解读异托邦的要素及方法的不同。同样是加藤提到了D·哈维（D.Harvey）（1996）把异托邦认为是"激进行为的领域"，他同时进一步打磨了异托邦的概念，把它称之为与现实空间相对的"解放的空间"。然而，虽然福柯提出的作为第三空间的异托邦作为批判工具有很重要的作用，从解读的方向来看它存在发挥负面影响的可能。另一方面，哈维把"第三空间"认为是非常正面的，可以说哈维对列斐伏尔的意图的传承更加忠诚。

哈维同样阐明了对全球化的新自由主义的评判，为了做出应对，他一开始就把关注点放在了资本主义的外延和外部，这一点也是基于列斐伏尔的空间生产理论。哈维把关键的现象归结为两种类型划分的结合。第一种类型划分是：物质空间（体验的空间）、空间的表达（认识的空间）和表达的空间（生活的空间）；第二种类型划分是：绝对空间、相对空间（时间）和联系的空间（时间）。此外，他从马克思主义中寻找空间性的根源，把空间生产和马克思主义相区分。

当前，后现代主义建筑潮流似乎发展到了尾声，我们似乎隐约看到一种回归现代主义的趋势。但是在意识形态领域，后现代主义仍然兴盛，即使我们改变对不公平和矛盾扩展的认识，而接受经济地理的视角，我们仍然能在激烈的批判和新观点中看到获得可持续性的希望。

e. 场所识别性和场所感

在《城市空间设计》（1996）中，马丹尼泊尔（Madanipour）提到了关于人性的讨论，详细论述了如何运用列斐伏尔的理论将城市空间作为社会空间进行设计。在社会矛盾和社会分割不断扩展的背景下，他的思考主要集中在以下概念的交叠之处：城市空间生产和日常生活；交换价值和使用价值；货币、权威和日常生活世界；社会空间的建立和在建立过程中各团体的行为。简单地说，他力图解释城市空间应当通过城市设计来进行创造（p.221）。

在后现代思维中，差异和差异化是关键的概念，从这个角度看，加强场所的识别性是很重要的一种政策工具。对于场所识别性，"场所感"是场所识别性被认识的能力大小。谈到城市公共空间，卡莫纳·赫斯·提斯德尔（Carmona，Heath，Tiesdell，2003）提出拉尔夫使用的场所识别性的几个类型，蒙哥马利（Montgomery，1998）把它们与场所感绘图联系在一起。根据蒙哥马利的解释，场所感是形态、活动和意象的叠加，包括物质空间和空间中的各种活动。

场所识别性是在场所经验中总结出来的（包括运用拉尔夫的内部和外部概念）。基于此，莫廷（2009）提出城市设计的作用在于"场所是心理感受中价值体验、经验和精神体验的中心，场所对于个体在群体中产生识别性十分重要；场所可能是最不受重视的人类需求，城市设计可以认为是在公共领域进行场所的设计"（Moughtin，2009，p.44）。

在同样的大背景下，普罗显斯基（Proschansky，1978）指出"公共空间营建中的体验性需求，特别是公共空间内社会互动的需求，使其为场所识别性做出贡献。"

从这里的案例中可以看出，培育场所感可以增强场所识别性，因此这两个概念之间可以认为是相互补充的。

艾尔斯和利特瓦（1998）写道："场所远不只是被建筑和位置占据的物质空间。就如同人的要素在幼年期和童年期个人生长过程中的重要心理意义一样，它们成为识别性的一部分，决定了我们是谁，我们属于什么"（Eyles and Litva，1998，p.260）。

f. 识别性和城市再开发中的可持续性

我们一直试图在城市再开发工作中应用"识别性"的概念，这里有必要把一个地区根据它的"地域性"和其他地区区别开来，"地域性"不仅仅和物质空间相关，还和各种群体在地区内进行的各种活动所累积的"公共用途"相关，因此，他可以被认为是从社会关系的框架中构建出来的。

本章提到的可持续性是可持续发展框架下的概念，从1992年在里约召开的地球峰会以来，它已经成了一个全球关注的话题。具体来说，可持续发展可以从三个视角来理解：经济、社会（文化）和环境（空间和生态）（OECD，2008）。一些关于社会和经济视角的讨论已经在之前关于识别性的讨论中出现了，但是我现在将进一步讨论在城市再开发的案例实践中，识别性和可持续性之间的关系。

首先，我将通过对当前研究中涉及场所识别性的各种概念的安排，进行一个关于可持续性相关关系的假设性的思维实验。第一个案例来源于关于识别性的讨论，以凯文·林奇及其同事为标志的可意象性研究。其次，应当关注人和人之间的关系，以场所感和场所归属感等概念为主要工具，这一视角主要来源于普罗显斯基和拉尔夫。最后，我们提到与列斐伏尔提出的"表达的空间"平行的空间产生，这即可以被称为"非场所性"，也可以被称为"世俗化"。下面的图标是对这三个视角和可持续性的三个维度的假设性综合（表1.4.1）。

但是，从根本上看，城市再开发是哈维所批判的高消费社会的产物，也可以作为新自由主义象征性的产物，同时也是拉尔夫所批判的非场所性的伴生产物。因此，从经济角度，品牌化、高附加值和差异化与非场所性有着对立的作用。基于同样的经济角度，可以认为土地的命运注定是被经济最大化的开发。基于这样的分析，可持续性的关键就是如何对这样的开发进行有效的控制。这样的关系放在环境和经济上也是准确的。

胡巴切尔（2008）描述了控制性规划工具是如何无视地方识别性和区域经济发展的。几十年的城市增长之后，城市规划无意识中造就了一个缺乏识别性和差别的均质的城市景观。这种现象在中国和其他快速进行规划和建设的地区中尤其明显。针对这种现象，他提出了"可持续性差异"的概念，指出城市应当彰显并培育邻里层面的社会和经济活动，及有特色的地方生活方式，为此，市政府应为增强社会平衡和社会整合提供必要的支持。即使无法在短时间内改变整个城市的状态，网络会拓展，新的生活方式会扩散……对创造"可持续性差异"的再次关注为积极的管理自我生成的城市属性和提高地区识别性提供了重要的手段，同时也减少了社会隔离（Hubacher，2008，pp.113-114）。

通过使用这里描述的方法，识别性和个体的形成有相互关联的关系，它也有助于加强地区联系。因此，管理的重要性不言而喻。

城市再开发的识别性与可持续性　　　　　　　表 1.4.1

可持续性 ＼ 识别性	表象 阅读、意会的难易程度	场所感 归属感、羁绊感	生存空间 反场所性、脱权威
环境（包括生态）可持续性	• 可见的环境贡献 • 屋顶、墙面绿化 • 能源节约	• 使开放空间成为停留原因 • 历史建筑的保护 • 积极使用太阳能、地热等可再生能源	• 环境管理 • 社区花园等 • 生态网络 • 循环系统
社会可持续性	• 广播 • 宣传 • 口头传播	• 开放活动 • 对话 • 交流 • 参与 • 社交网络	• 艺术创作 • 自发活动 • 地区自治 • 安全管理网络
经济可持续性	• 品牌效应 • 企业形象	• 高附加值 • 差异化	• 独特的价值魅力 • 生活品质的提高 • 循环 • 外部经济 • 社区商业

第2章 瑞士后工业地区的城市再开发

当代城市复兴之根本，是城市的全球性与个体的人之间亲密环境的再生。公共空间在塑造城市记忆和城市总体规划中发挥着重要的作用。公共空间是可能培育出城市独特氛围及潜力的出发点。只有当城市公共空间被大众合理地使用时，日常城市生活才会有魅力，但这一过程是无法被程序化的。然而，我们可以观察公共空间是否在有效地被使用，并与地域性相适应。从这个意义上说，高层等巨大显眼的建筑物因其对公共空间影响重大而倍受关注。

——引自弗兰兹·艾伯哈德（Franz Eberhard）等. 2007，《苏黎世的建设》，苏黎世，p115

汉斯·宾德

要想了解温特图尔（Winterthur）苏尔寿地区（SulzerAreal）的独特性及其特殊的识别性，首先应理解其耗时漫长的开发历史。因为时间是形成被喻为地域的"独特性之灵"（genius loci）[1]的、该区域唯一的场所感的主要因素。

发展阶段的理念和识别性

苏尔寿地区是由瑞士的第一间金属铸造厂（1834年）发展而成的，曾发展为以涡轮和柴油发动机制造为主的重工业区。工厂位于镇的中心区域，沿铁路线而建，占地约26.9公顷，大约和中世纪温特图尔旧城的规模一样。该地区的城市更新项目开始于1980年代晚期。基于发展理念和方法的识别性形成的角度，其发展可以分为以下四个阶段：

1）1989～1992年：

"废旧建新"项目产生的识别性危机

拥有二十多年重工业历史的苏尔寿地区，提出了要在临近城市历史街区的老工厂地区实行"闭业"的方案。规划方案名为"Winti Nova"（意为"新温特图尔"）。该方案的目的是"废旧建新"（Tabula rasa）[2]，计划将该地区重新铺满办公楼。然而方案在1989年刚对外公示时，就引发了一群年轻建筑师的强烈质疑。他们认为，已被封闭的工业区是一个具有重要历史意义的城市区域。他们希望把该地区建成如中世纪街区一样、拥有混合功能的新区。他们举办了公开讲座和讨论，旨在使公众和官员提高对地域特性的认识，刺激与"紫禁城"（该工业地区停止对公众开放之后的俗称）开发相关的公共辩论。

在开始阶段，无法找到为整个地区投资的人，苏尔寿房地产公司决定等一部分工厂完全撤出后，对地块现有建筑暂时进行再利用。由于该地区工厂的形象恶劣，实力派的投资者以经济危机为由撤回了投资。刚开始人们也没有发现该区域内老建筑的价值，但随着一系列讲座和公众讨论之后，人们开始对这个区域进行讨论，人们的观念逐渐发生了改变。

这些讨论与日本的"废旧建新"项目的共同点在于看到了识别性丧失后的危机，然而在温特图尔，这场由建筑师和市民开始的讨论，彻底改变了该地区的开发方式。

2）1992～1995年：

汇聚想法和概念的国际设计大赛

尽管苏尔寿政府希望把该区打造成一个纯粹的工业区，但当得到批复可以从一个工业区转变为一个新的城市中心时，还是被设定了限制条件，即被要求该地区内至少有20%的居住用地。1992年，市政府开始设立"市中心-温特图尔"试验区，即苏尔寿地区中毗邻温特图尔火车站的中心区域，并邀请六组建筑师和规划师重新思考未来与苏尔寿地区相连的中央火车站广场的设计。试验区内也实践着瑞士颇有成功经验的规划方法，即设计方案期间经常会召开审查委员研讨会，而不是举办竞赛（图2.1.1）。会议研讨是一个很好的方式，便于找到针对同一个地区的不同解决方案。此外，苏尔寿地区与温特图尔市也通过举办国际规划竞赛，展现了彼此的协同关系。竞赛的获胜者是法国巴黎著名的建筑师让·努维尔。他提出了一个令人意想不到的、关于新旧区共同发展的方案，即缓慢更新的概念。他设计通过改造和特殊构造保留街区内旧有的

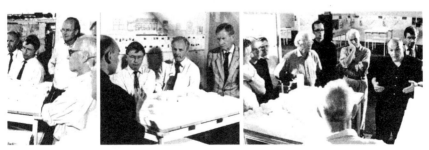

图2.1.1　苏尔寿地区竞赛现场

部分，再在其上增加新的部分。新与旧的结合蕴育出新的和谐，为历史街区塑造出全新的识别性。让·努维尔虽然没有在温特图尔新建建筑作品，但是他的设计概念却覆盖了整个温特图尔地图。这种概念被定名为"巨型沙拉"[3]，推动旧的部分与新的异化要素相融合，也达到了符号学理论上的品牌效应。

3）1995 ~ 2001年：

巨型沙拉=依靠新+旧，把识别性品牌化

这一阶段，苏尔寿地区开放了部分区域的临时性使用，巧妙地扭转了之前工业区消极的老旧形象。改造转换（conversion）渗透到了所有新建筑工程中，为该地区整体打造出了新的识别性。突然间该地区变成了人们最希望工作和居住的高端场所。针对地块采取的"临时使用"方法，保证了在新投资者进驻之前能够以平价有效吸引租户。与苏黎世西区一样，该地区的总体规划保持了一定的弹性，规划后的开发是在"临时使用"过程中得以挖掘和实现的。1995年苏尔寿的50户租户中，有30个租户使用的空间是具备一定弹性的过渡空间。1994年市政厅作为第一个项目被实现了，至今它仍然保持着文化和商业空间的功能，比如音乐剧演出、WHO国际会议室等等。随后，又实施了网中店（intershop-Burogebaude）、先锋公园（1998）、苏尔寿-现代杂志社（1999）、Lofts-G48（2000）项目，开设了建筑应用科学大学，这种新老建筑的混合发展在这个地区创造出了最原始的土地和都市景观，也蕴育出当地独特的识别性。

4）2001年至今

地域管理下的慢开发

在2001年夏天，经过长期的经济低迷之后，苏尔寿房地产公司重新思考了其理念和发展步骤，开始实施市场战略和区域管理。虽然建筑师让·努维尔的"巨型沙拉"计划因规模过大未能实现，但他与大型建筑规划公司密特隆（Metron Inc.）合作，开始了名为SLM Werk Ⅱ的开发管理项目。在此项目中，他们提出了"利用集群"的发展设想，不但强调协调的利用率，并且与投资者积极协商，试图为投资者创造事半功倍的效果。

例如，应用科学大学与民营企业的合作就是一个很好的培育和激励生产及创业的方式。今天，苏尔寿地区依然在开发，之前的负面形象已迅速减少，越来越多的人接受该地区是"我们街区"的一部分。最近该地区剩下的部分被卖给了瑞士的大开发商英普利尼亚（Implenia），他们决定将整个规划团队作为另外一个公司保存下来，以保证各个项目中强化识别性的举措得以持续。

各个项目中识别性的创造

现在的苏尔寿地区是功能复合的一个典范，从土地利用上可看出已决定在未来几年移走的老工厂地块（图中深灰色）。同时还有作为临时利用的地块（图中浅灰色）、居住区（图中绿色及其上层）、写字楼、剧院、电影院、商场、学校、餐馆和娱乐性质的地块（图2.1.2）。

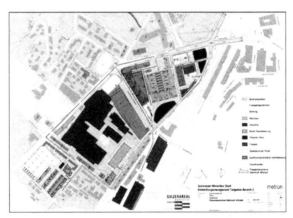

图2.1.2　苏尔寿地区土地利用规划

从对每个项目的分析可看出，保留旧建筑物和外立面是以老重工业区为场所文脉的地域识别性的关键因素。新建筑或者新细部与旧建筑物相结合塑造出了空间独特的原创形态。在过去，重工业的厂房建筑非常遭人厌恶，但是今天却可作为工业遗产或纪念碑，填写在新的城市生活当中。人们价值观的改变，成了该地区的优势之一。旧厂房的再利用也为该地区

图2.1.3 Halle 180建筑大学研究室

图2.1.4 吊车轨道：改造老工厂，在办公楼上设置新住宅，让人想起吊车的轨道

创造了新的空间品牌特征。例如，Halle180就是一个将工厂建筑改造为建筑学习场所的项目，学生的工作场像桌子一样被安排在大厅中央，没有墙壁和天花板，只是被收在了老工厂建筑这一外壳中。所以也保留了该老工厂建筑原有的贝壳形状（图2.1.3）。

建筑的改扩建上也运用了各种各样的空间设计手法。在"吊车轨道"项目中，老建筑的侧边及其上部进行了扩建。这个项目用很有趣的手法融合了新与旧，并将老建筑变成了功能混合的建筑。此外，老旧起重机轨道也得到了再利用，可在"凯塔琳娜–苏尔寿广场"上用于举行公共演出和庆典（图2.1.4）。为了让该建筑外部的私有广场能够自由开放地被使用，市议会放宽了对广场周边建筑物的限高，建筑师利用增加的容积率在屋顶设计了一排独立的长条形住宅。就这样，受到群众公认的识别性，开始在苏尔寿地区的公共广场上绽放出来（图2.1.5）。

在"火车头"案例中，项目通过扩建提供了120户新住宅。并利用旧工厂的半室外空间塑造了新住户间的公共空间。这个空间设计独特，对于塑造社区邻里感作用重大。这种社会空间的塑造也是社会可持续发展的重要因素（图2.1.6）。

图2.1.5　苏尔寿地区"火车头"项目

图2.1.6　苏尔寿地区"锅炉房"项目

此外，最近开业的"锅炉房"是一个综合性商场，其中的餐馆和电影院是由老发电厂改造而成。该商场已经成了与当地城市火车站及中心街区相连地块识别性品牌化的重要标志（图2.1.7）。

位于铁路旁的"大广场周边地区"，是唯一被准许临时使用的地方，但租户都在摸索怎样签订永久合同。当地也在寻求能够购买整个地区的投资商。"日落"（Abendrot）[4]基金为租户提供了特殊的合同，如果租户投资一些必要的改造项目，就可申请签订类似永久租赁的特别合同。

苏尔寿地区建筑和景观所展现出的独特的识别性至今仍然在

图2.1.7　苏尔寿凯塔琳娜广场上的活动

成长，因为可持续的识别性是自发地在场所中被孕育，并逐渐从过去的历史沉淀中被挖掘出来的，而不仅是建筑师设计的结果。

苏尔寿公园

这也是一个老重工业建筑改建项目，位于苏尔寿东北部的上温特图尔地区（图2.1.8）。该地区被三个火车站点环绕，被主干道鲁道夫柴油大街划分为各占地约30公顷的两大片区。

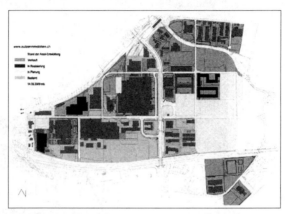

图2.1.8　苏尔寿公园平面图

1999年，温特图尔市城市规划局与苏尔寿房地产公司合作，以空间规划制度为基础，开始了该地区大面积的区域再开发规划。该规划涉及土地利用性质的转换，依制度规定必须要进行市土地利用规划的变更，同时也应履行州土地利用总体规划的变更手续。这些变更不仅需要市规划委员会等相关机构的协议，还需要向市民公示规划信息、提出意见书、开展居民投票（视变更内容而定）、通过议会决议等手续。当然，也需要时间。

苏尔寿公园就是依照这样的规划变更程序，从以前的重工业区的工业公园，转型为了集居住、商业、办公以及大片绿地于一体的复合土地利用区。该地区因离车站近、绿化多，又有新的大型公园，不仅在温特图尔市显得很有魅力，在整个苏黎世地区的住宅开发中也倍受瞩目。

在生态环保方面，该片区还活用既存水域修建了自然型公园，在公园中设置生态池等，还建造了极为环保的零碳住宅（图2.1.9、图2.1.10）。

图2.1.9 零能耗房屋Eulachhof

图2.1.10 苏尔寿公园附近的锯木能源厂，为将近650户提供热能

注释：

1）"独特性之灵"（genius loci）是古罗马神话中守卫土地的精灵，在日本神道教中也有类似对场所的灵性信仰。如今用于表示场所的气氛以及土地的禀性。

2）"废旧建新"（Tabula Rasa）是一种拉丁语的说法，欧洲的建筑师们常用它来表示一个地方采取了拆除老旧建筑与街道，完全从白纸状态开始设计规划的方式。在日本也有类似的表达方式，为"scrap & build"。

3）"巨型沙拉"（Megalou）是由让·努维尔创立的项目名称。这个名字是由意指大、好、时尚的"mega"和一个意指沙拉或生菜的法语方言词"lou"组合而来。他在基地的方案中，使用"巨型沙拉"一词，以表示密集混合使用的概念。

4）瑞士有一条法令这样写道：每一家公司和他的员工都要将他们收入的一部分存进一个信托公司或基金会里，用以在退休后得到额外的养老金（由政府发放的基本养老金）。这些基金有法律义务实现最低的收益：他们大多数会投资房地产。"Abendrot"是这些基金中的一种，意思是日落。

纽–欧瑞康地区（Neu-Oerlikon）（图2.2.1）位于苏黎世北部，曾名为苏黎世诺德（Zurich Nord），占地约55公顷，因为工厂生产需要，土地由不同公司所有。和世界上很多国家一样，该地区的公司也因为竞争不过全球化所带来的他国产品的低价，把工厂转移到了生产成本更低的地区去，导致该地区的工厂停产。因此在1988年，苏黎世举办了城市设计竞赛，由三位年轻的建筑师中标。他们的概念出奇的简单：或多或少地保持现有基地轮廓，分区开发每一个地块，仅对街道和公园等公共场所进行新的创造。大部分建筑因为质量相对较差，所以没有受到保护（图2.2.2）。

图2.2.1　纽–欧瑞康地区平面（苏黎世市提供）

最开始，城市规划者们认为整个地区的再开发需要花20年以上时间，但实际上几年就已基本完成。因为来自苏黎世的压力很大，并且这个简单的策略非常具

图2.2.2　纽–欧瑞康地区鸟瞰（苏黎世市提供）

有说服力，每个地块均很快被高价卖出，而且项目也很快落地。在建筑高度和使用性质之外，项目的政策条件也非常宽松。开发者可以依据他们的要求来新建住宅，而不用过多地考虑城市总体规划的限制。通常建筑师们总是会被甲方所牵制，必须满足甲方的要求。在这里，所有的地块开发都需要举行建筑竞赛，这有助于优秀方案的产生，但选出的方案却不能确保满足周边城市环境的需要和客户的要求。

有几个例子可以说明，作为市政府的重点项目的好建筑，是以牺牲周围街道的质量而建成的。例如，库珀中心（Coop Centre），一家位于整个区域中心的五金店（图2.2.3）。五金店外立面封闭，其地面层与私家车道间仅有一个对外的入口。即使楼上有住宅，库珀中心周围的道路也被建筑切断了。

一家银行的数据中心也有类似的情况。一层有玻璃窗户，但却无法打开，建筑内部与外部没有关联性（图2.2.4）。

图2.2.3　库珀中心

图2.2.4　中庭

很多住宅项目有地面层临街的公寓，这产生了破坏居民隐私的问题（图2.2.5）。所以业主和租客开始在临街面设树墙，以保护自己的隐私。

人们最初搬来这个地区时，是因为这里全新的现代化形象，以及便捷的区位条件——拥有直通苏黎世中心区的公共铁路。但是这个形象很快就破灭了，人们开始抱怨街道空无一人，死气沉沉，并怀念其他地方熟悉的混合了各种要素的街区风景。该地区的形象也因为新闻媒体的批评性报道

图2.2.5　住宅项目　　　　　　　　　　图2.2.6　保留的工业建筑

而不断恶化，投资者以及城市规划者也意识到必须采取行动去改变。但对于如何使街区的土地功能混合化，以及如何制定可持续发展的战略，他们还是一筹莫展。因为每个投资者只投资他自己的建筑，类似淘金热的发展浪潮一样，只关心眼前的利益。因此苏黎世市购买了一些工厂所在的土地，将建筑以公共的名义保存了下来（图2.2.6）。

　　然而，仅保留一些老建筑是不足以恢复积极形象的，所以投资者们创立了一种基金——地域社区发展基金（Quartier Entwicklungs Fonds），目的是创造一种全新的识别性。尤其注意把街道打造成充满生活气息，让人舒适放松的场所。因此该基金会帮助店主在一层开设一些零售点，比如理发店、餐馆、酒吧、幼儿托管中心等等。这有效提升了街区形象，促进了房地产经济的成功，积极形象的塑造对于提升地块的价值非常重要。

　　比如一个豪华老年公寓项目中，一楼的餐厅面向中庭，向公众开放（图2.2.7）。

　　特别值得一提的是所有公共公园空间的设计是通过竞赛完成的。他们给这个地区提供了独特的户外空间，使其成为高品质地区的地标。在小学转角处有一个带水及遮阳棚的绿色平坦的公园，学校本身建立了与周边公共空间的特殊连接。学校和公共空间相互交融，家庭会利用周末时间在公园举办野餐，街道也与活动场所相互交融（图2.2.8）。一个好的细部设计

图2.2.7 老年住宅

图2.2.8 学校的室外空间

图2.2.9 中央公园

图2.2.10 MFO公园

是跑道与公共道路紧临，在跑道上，孩子们可以跑步，而公众可以在旁边散步，以减少学校生活和日常生活间的隔阂。

中央公园应该被认为是一个拥有公共开放空间的城市森林。虽然它的成长需要时间，但现在已经被大部分市民所认可（图2.2.9）。此外，另一个景观建筑竞赛也促成了一个特殊的垂直公园的建成。它的钢铁结构让我们联想起一个长满植物的废弃工业建筑。MFO公园在今天已经成为一个众所周知的公园，也使该地区有了一个非常独特的识别性（图2.2.10）。

2-3　苏黎世西区/苏黎世

苏黎世西区（图2.3.1）的发展晚于纽-欧瑞康地区，因此城市规划师在废弃的工业区发展方面已经积累了大量的经验。所以，城市就如何重新利用一些旧工厂开始思考。他们急需为歌剧院建造练习舞台，于是再利用旧的"造船所"[1)]建成苏黎世剧院（图2.3.2）。"造船所"曾经是制造轮船和小船的工厂。

图2.3.1　苏黎世西区平面（苏黎世市提供）　　图2.3.2　造船所建筑

其中一个主要的焦点是管理策略，包括各种形式的合作规划和参与。

相比其他城市地区由一个领域的管理者负责，在苏黎世城的项目建设中有7个领域的管理者一起协调工作，包括土地所有者、相关城市管理部门、议员和其他利害关系人。他们一起负责参与整个过程、所有信息和形式，都是区域管理的中心人物。不仅是建筑师和城市规划者，管理者们都需高度称职，必须能够处理社会问题。因为管理过程很大程度上取决于他们对不同参与方的协调能力。有人说他们像蜘蛛网和天线与每个参与方接触，一旦触及网络，他们都会知道同一问题。他们举行会议，协调所有的信息，使各个参与方之间的信息进行交流（图2.3.3a）。他们也会考虑公共信息中心。

其他的目标还包括土地的混合利用，包括科研、体育设施、休闲、城市住宅（最低20%）、工作场所、体育场等。规划很重要的一点是土地利用规划在整个或者每个阶段都具备弹性和可持续性。因为城市的社会、经济和环境共同的可持续发展是其最终的目标。但区域不得离开现有的存在（建筑和基础设施），因为可持续性意味着开发要建立在已有的基础上——不是废弃和重建，不是白板（图2.3.3b）。因此在苏黎世西区规划过程中，树立识别性是一个关键要素。

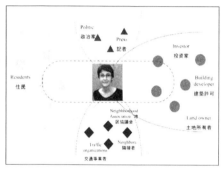

图2.3.3a 地区综合管理体制（苏黎世市提供）

图2.3.3b 苏黎世西区总体鸟瞰

保持和开发开放空间对苏黎世西区的发展非常重要（目标是办公区域每人5m²，居住区域每人8m²），并优先布局步行道和自行车道，为增加公共交通、自行车和人行道网络建设进行规划。该网络规划以2006年苏黎世政府制定的总体规划为基础，其目的是通过更好的设计和强化空间网络，塑造出更多有意义的公共开放空间，从而提高城市生活质量（图2.3.4）。

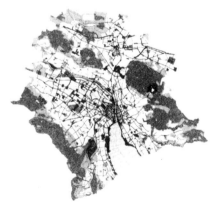

图2.3.4 公共开放空间的意义性规划（苏黎世市提供）

2000年，苏黎世西区发展理念被公布，目前每个项目都是在该理念的指导下完成的。该理念也是苏黎世城市和其利益相关者、居民、专业人士等主体一起参与规划过程的合作产物。尤其在前文提到的苏尔寿地区，还有国际级建筑师参与制定的三个实验规划阶段。

到2015年，苏黎世市希望该地区的办公场所翻一倍。

苏黎世西区的案例也是一个联系识别性、开放空间和可持续性的范例。但当时苏黎世西区更希望该区从工业地区再建为商业、办公、居住等多功能混合的用地。

城市公共空间的开放不仅包括公共用地，还有私人用地。

例如，在苏黎世西区的路网建立是使用私人用地与河边的人行道相连的。最新的开放私人用地的项目位于哈德图姆地区，展示了一个将不同区域的人行道和自行车道相连接的阶段性发展方式（图2.3.5）。

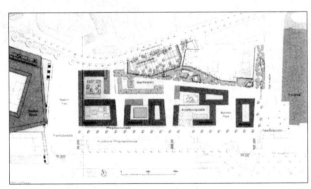

图2.3.5　活用私人土地内的项目形成的步行路网（苏黎世市提供）

这种分阶段的开发与管控，若没有很好的区域管理，几乎是不可能实现。但若能够做到协调管理，阶段性的发展是能够实现的。这同样需要通过连接绿色公共开放空间，强化和强调地方的识别性。

一个名为"Plus 5"的项目就是协调规划的成果之一，它也是围绕原有的工厂来实现的。现在，这个工厂的中心建有庭院，旁边的公共广场周边分布着餐厅和体育设施。工厂提供适合不同活动的场地，比如展览和音乐会，但只在户外餐饮区或会议空间提供服务。在一层围绕大厅设置了一圈公共的、沿外墙的办公空间，并在屋顶上加建住房。Plus 5 是一个很好的结合了新与旧、公共与私有、多种用途改造的项目典范（图2.3.6、图2.3.7）。

图2.3.6　Plus 5：外观

图2.3.7a　Plus 5：内貌1

图2.3.7b　Plus 5：内貌2

　　该协调规划的另一个成果是为该地区增建了一些高层建筑。在瑞士过去的50年间，因为政治上的原因，很少有高层建筑建成。如今若干栋高层建筑拔地而起，重新谱写了新的城市中心形象（图2.3.8）。这些具备住宅功能的高层建筑开发，也避免了它们不会像欧洲地区的许多高层建筑一样，成为高层"办公楼贫民窟"。

图2.3.8　高层建筑

SIG地区/诺伊豪森

　　莱茵河畔诺伊豪森（1938年正式被称为诺伊豪森，Neuhausen）是位于瑞士北部的直辖市，它正对着瑞士莱茵瀑布。正如其名，这个小镇是众所周知的莱茵瀑布的著名旅游景点，该瀑布是欧洲最大的瀑布。SIG是目前世界领先的饮料和食品的纸盒包装与灌装机系统供应商之一，但它最初也是因为接近莱茵瀑布和锻铁厂的区位优势才得以发展。

　　虽然毗邻的苏黎世是瑞士的金融中心，但废弃的工业遗址很难吸引足够的投资者促进其发展，但它距离中心区约50公里，使其发展变得更加困难。虽然土地价格低，但是和其他地方一样，要使受到污染的土地得到改善需要付出巨大的成本。SIG公司正面临着一个很大的投

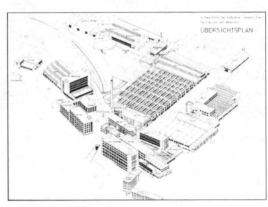

图2.4.1　包含莱茵瀑布的SIG-诺伊豪森地区鸟瞰（SIG-诺伊豪森提供）

资问题，因为出售基地与免费送出的花费几乎是一样的。因此，为了吸引投资，对老建筑进行"临时使用"（in-between use）的战略成了唯一的救命稻草（图2.4.1、图2.4.2）。

　　SIG地区在欧洲中部以大瀑布而闻名，毗邻旅游胜地——莱茵瀑布。只要市民、政治家和投资商明白如何充分发展这一独特的区位潜力，就有可能从中获利（图2.4.3）。

图2.4.2 莱茵瀑布

图2.4.3 SIG工厂内

2-5 德瑞斯皮茨地区/巴塞尔-明兴施泰因

德瑞斯皮茨（Dreispitz）城区位于巴塞尔和明兴施泰因（Münchenstein）之间，曾经是仓储和工业用地，由克里斯琴·梅里安基金会[1]独家所有。2001年以来，为了本地区的城市规划，该基金会与巴塞尔市结成了政府和社会资本合作关系（public-

图2.5.1 德瑞斯皮茨城区总体鸟瞰（克里斯琴·梅里安基金会提供）

private-partnership），根据各种变化实施可持续性的策略。在瑞士著名建筑师赫尔佐格和德梅隆的策划下，该地区逐渐从一个仓库区变成了一个混合用地区域（图2.5.1）。

有意思的是，作为土地所有者，克里斯琴·梅里安基金会坚持决不出售土地。使用签约建房后，按照合同约定的时间，几十年后，其建筑的所有权将重归基金会（图2.5.2～图2.5.5）。

图2.5.2　赫尔佐格&德梅隆的概念。来源：*Vision Dreispitz.Eine Stadebauliche Studie*，Christoph Merian Verlag（2006）

图2.5.3　赫尔佐格&德梅隆制作的模型。来源：*Vision Dreispitz.Eine Stadebauliche Studie*，Christoph Merian Verlag（2006）

图2.5.4　赫尔佐格&德梅隆修建的博物馆

图2.5.5　地区内景观

注释：

1）克里斯琴·梅里安（Christian Merian）和他的妻子把他们的遗产捐赠给基金会。他的目标就是创造一个健康的环境，提高巴塞尔市的生活和文化品质。

表2.1

项目地区一览表

指标	温特图尔		苏黎世		诺伊豪森	巴塞尔
	苏尔寿	苏尔寿公园	纽-欧瑞康	苏黎世西区	SIG	德赖斯皮茨
市区更新项目	早期由私人管理，后来变为由建筑师和公众的参与修订>法定城市规划	所有者和城市规划管理部门合作开展>法定城市规划	城市更新项目：由城市规划管理部门所领导>法定城市规划	城市更新项目：由城市规划管理部门所领导>法定城市规划	所有者和城市合作开展—受阻	合作：城市政府引导>交由私人所有者所管理
规模	26.9公顷	100公顷	60公顷	80公顷	10公顷	75公顷
之前的土地利用	工厂（发动机等）	工厂和办公混合	工厂，办公等	工厂，部分住宅混合	重工业、枪弹制药厂等	工厂，储藏等
规划启动时间	1989年	1999年	1988年	1996年	2002年	1990年
规划人口	未明确，法律规定住宅至少为20%	未明确	在2010年有12000人就业，9000人居住	在2010年有30000人就业，7000人居住	3000人就业	未明确
土地所有者	苏尔寿公司	苏尔寿公司	多家公司	10家	SIG公司	CMS—克里斯琴梅里安基金会
主要管理组织	苏尔寿房地产有限公司	温特图尔市苏尔寿房地产有限公司	城市规划管理部门	城市规划管理部门	SIG/诺伊豪森城	城市规划管理部门>2008年1月1日后归属CM基金会
管理组织	苏尔寿房地产有限公司的子公司管理	苏尔寿房地产有限公司：小管理团队	城市规划管理部门	城市部门有管理者1人，核心管理团队（9人）	所有者雇佣一位专家	复杂的结构形式：数百个参与者

指标	温特图尔		苏黎世		诺伊豪森	巴塞尔
	苏尔寿	苏尔寿公园	纽-欧瑞康	苏黎世西区	SIG	德端斯皮克
参与过程	城市设计的概念公开的发布和讨论 设计投标>有弹性的总体规划	民主系统：温特图尔的居民对其土地利用形式的改变有决策权	合作式设计竞赛>城市规划>竞赛>总体规划>竞赛>特殊建筑规定>基础建筑	合作式规划过程；特殊建筑规范；参与者会议（由土地所有者组织）	如果需要改变用途，将需要得到居民的同意。基于大量调查的未来图景。	如果需要改变用途，将需要得到巴塞尔人和明兴人们的同意，1990年后区划法得到实施>建筑权保留至2053年
愿景及蓝图	混合使用：居住、办公、餐饮、教育…	混合使用：注重居住及城市公园的建设作为城市中心活力的源泉	混合使用：将一层改造为餐厅等公共功能空间	混合使用：中心区为住宅、办公、剧院、旅馆	暂不明确	混合使用：城市区域
对环境的考虑	集中供热系统；重新利用废弃的工厂	中部公园（符合"Minergie（瑞士可持续建筑标准）"的生态理念	保留部分旧建筑（因为意识到新建筑缺乏识别性）	保护及再利用建筑——增加一些新的公共交通（电车轨道）、自行车车道	无	绿化构想
设计指南	开放空间及其指南	总体规划方案与建筑&分区设计规则	建筑&分区设计规则	特殊的建筑规范、开发指南与照明设计	没有	建筑&区划规范

指标	温特图尔		苏黎世		诺伊豪森	巴塞尔
	苏尔寿	苏尔寿公园	纽-欧瑞康	苏黎世西区	SIG	德瑞斯皮茨
公共空间的品质	私人拥有开放空间，所有方案需要得到公众允许	暂时没有建立	主要公园、街道，微型公园网络特殊的三维MFO公园	用明确的理念来绿化及亮化场所和街道	没有对外公开	没有开发
地域识别性	新旧（部分受保护）建筑和临时使用创造了特别的识别性。	中央公园地区领衔地域识别性	缺乏地域识别性，因为多数建筑基本类似，且多已经毁坏	即使有所改变，识别性仍基本保留，依然能感觉到工业用地的痕迹，局部地区发展成为典型区域	没有明确概念	识别性逐步得以形成一建筑师的"曼哈顿愿景"似乎太远…
文脉	保护建筑和新建住房的临时使用＞记忆得到保留和成长	通过人文及特定的名称传承	城市文脉比较欠缺	新与旧，工业与住宅的混合在中心城区形成典范效应	靠近莱茵瀑布的特征没有体现	城市货物运输编铁被做用城市主要结构

第3章 日本后工业用地的再开发项目

生态民主主义，就像婚礼礼服一样，"有旧的，有新的，有循环着的，有真实的。"

——Randolph T. Hester（2006），《生态民主义的设计》，MIT出版社，P4

木下勇

引言

下面让我们来看看关东地区的案例。之所以介绍这个地区，一方面考虑方便瑞士研究者考察，另一方面，关东地区也确实存在着多样的工业遗址。如因电影《化铁炉之街》而被熟知的埼玉县川口市，以及东京湾沿岸填海区也还留有很多可以利用的工业遗址。因产业结构变化而在工业遗址上进行大规模再开发的横滨、东京、千叶，以及街区工厂所在的工业及住宅混合地区，是怎样开展再开发项目的呢？我们对此进行了考察和采访。

我们也针对识别性和可持续性这一主题，对日本全国市中心再开发事业负责人进行了问卷调查。本章将介绍调查的结果。

1. 川口站周边的再开发（埼玉县川口市）

关于川口市的电影《化铁炉之街》中描绘了铸铁工厂烟囱林立，工厂煤烟污染笼罩的城市印象。如今，因为川口站周边的城市再生，它转变成了与城中心有方便连通的宜居郊外。

最初的再开发，是以川口站西口的公害资源研究所的遗址活用为契机展开的。

售卖遗址用地的请愿运动开始于1967年，一直持续到1977年，土地购买方确定为川口市和公团。1979年，川口市任命高山英华为委员长组织调查委员会，开始进行规划构思。1982年，高山委员长成立川口站东西地区周边整备规划委员会，1983年7月确定了川口站周边城区规划构想。这也是之后川口站周边城区总体规划方案的雏形，即500米半径范围的城中心四面用环线道路围绕，排除越境交通，环线内为步行者优先的热闹核心区（图3.1.1）。

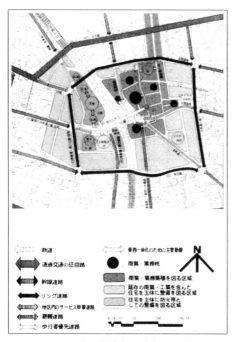

图3.1.1 川口站周边城市再生构想规划环状道路围绕步行空间，营造活跃空间

1983年描绘的构想图，成了之后引导川口站周边众多项目的总体规划方案。活用了公害资源研究所遗址的川口站西口的城区再开发项目，将站前交通广场、西公园，及其地下停车场连在一起，形成了非常丰富的站前开放空间，塑造出与众不同的站前玄关景观（图3.1.2）。车站东侧实施了五个地区的再开发项目，都是住宅城区综合规划，还有四个地区实施的是优良建筑物等规划，此外包括交通、道路规划等在内的21项事业在88.8公顷的城中心区展开。2002年，这里被指定为城市再生紧急规划地区。属于其指定范围北端的并木元町地区，是札幌啤酒厂的大型工厂遗址（11.8公顷），通过土地利用性质的转换，2005年变身为由高层商住楼和美术馆、电影院和公园组成的活力街区"蝴蝶结之城"。

"蝴蝶结之城"开放空间的设计和美术馆一样经过了精心的考虑，形成了十分优质的公共空间。然而，原来的啤酒厂的名字仅在一座小纪念雕塑上有记载（图3.1.3），与历史文脉的割裂感较强。与其邻设的大型店铺到如今尚未融为一体，北侧民营企业的高层住宅楼与景观上的联系也欠考虑。该项目角落里设置的滑板公园，本来是展现青年人活力的极佳聚集场所，却背对大型店铺，给人一种青年人被逼到了角落空间的感觉。与通向该地区的通路空间的关系处理也是今后需要解决的课题。

图3.1.2　川口站西出口前城市再开发项目建设的广场和停车场

图3.1.3　设立雕塑用于纪念城市更新项目里的原啤酒厂（位于蝴蝶结之城的项目场地）

当问到这些相关项目究竟是谁在进行管理时，回答是川口市城市整备部。1984年作为第三方机构成立的川口城市开发股份公司，其立场是支援停车场整备等市中心再开发项目。

2. 未来港口21（MM21）地区（神奈川县横滨市）

MM21地区十分著名，是为占地186公顷的横滨新都心而建设开发的社区。它是以海岸线新填海造地与以三菱造船为中心的旧港湾设施遗址区划整治的地区规划结合，并部分引入了港湾开发项目。该总体规划是1978年横滨市都心临海部综合整备规划调查委员会（取八十岛义之助委员长的名字，通称"八十岛委员会"）策定的。项目开始于1983年，2010年完成土地区划整理，预计形成就业人口19万、居住人口1万的商业据点。

到2004年，该地区的商业和娱乐场所已初具规模，就业人口达到5万，来访4500万人次，入驻企业约1000家，市税收收入（2004年度）约107亿元（MM21，2006）。

该地区的管理由MM21股份公司负责。该公司为第三方机构，成立于1984年，由市政府出资55%，民间承担45%。该组织得到了横滨市各相关部门的支援，担负着调整各利害关系方和组织间的关系和地域管理的任务。

该地区的最初规划中有一个目的是分担首都功能，因为经济和社会的变化，并未按预计的发展，于是后期定位为国际港湾都市核心，逐渐地吸引民间企业，传递新兴商业和文化艺术活动信息，在渐进式的整备与管理上下足了功夫。

该地区大致可分为中央地区和新港地区两部分（图3.2.1）。在曾建有三菱造船厂的中央地区，为了找到与过去记忆的联系（图3.2.2），在地标建筑的脚下留下了码头形状的开放空间。在开放空间和景观方面，1988年土地所有者和MM21股份公司缔结了《"未来港口21"城市规划基本协定》。1989年该地区城市规划的法定方案得以通过。

图3.2.1 横滨MM21地区总体规划（资料来自横滨市）

图3.2.2 标志塔的风貌

新港地区整备项目的起步时间相对靠后，景观规划是根据街区景观指南来确定的，地区规划案于1997年确定（图3.2.3）。

负责地域管理的还有一个大型组织——由中央地区40个土地所有者团体组织构成的"未来港口21街区规划协议会"，分为防灾街区委员会、MM21促进协议会、MM21活动执行委员会、活动联络会、MM21街区指引运营委员会、MM21绿化推进协议会、MM21 "100日元巴士"强力执行

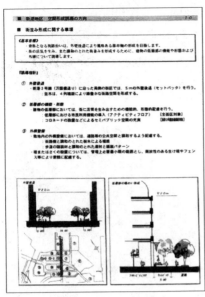

図3.2.3　横滨MM21街区景观指南

委员会、MM21停车场指引系统协议会、横滨都心无线电波对策协议会、MM21回收推进协议会等组织来分担管理任务。日常事务管理局由MM21股份公司担任，各部门的责任窗口均有横滨市行政关联部门的对应。

在地域冷气和暖气系统节能方面，采用了深夜电力和热电联产设备进行排热利用等措施，还积极促进以巴士为主的公共交通以及步行专用网络建设，环保方面的措施也在逐步推进中。

3. 港湾地区（神奈川县横滨市）

港湾地区是原港湾产业设施的工厂和仓库所在地，其规划定位是离横滨站交通便利的都心临海复合型城区据点。以1981年制定的都心临海部综合整备基本规划为基础，1986年3月，约25.1公顷的住宅城区整备综合支援项目（当时称为特定住宅城区综合整备促进项目，1998年更名）的区域规划，通过了建设大臣的批准后开始实施。其中预测2010年的规划人口为6500人（3950户）。

首先准备好开发的是第二类城区再开发项目中的大型城市开发项目，其余的区块被预定为第一类城区再开发项目。为了引导好这些大规模的城市再开发，1990年确定了再开发地区的城市规划方案，阶段性地开展以开放空间的集约化以及高层住宅建筑群整备与调整为主的再开发（图3.3.1）。

区域再开发的设计概念是"艺术&设计"，寓意将横滨"设计都市"（之后又称为"创造都市"）的印象进一步具象化展现。区域内的开放空间也是展示艺术家作品与活动的重要场所，设计者在创造街区活力上煞费

图3.3.1　横滨港湾地区规划

图3.3.2　艺术街区

图3.3.3　公共空间的活力营造

苦心（图3.3.2、图3.3.3）。如为创建"艺术＆设计"之街做出了设施建设上的贡献，再开发项目就可获得容积率的增加。

　　关于该地区的管理组织，形式上的回答是1988年成立的"城市规划协议会"。该组织是由24个土地所有者企业组成，以"艺术＆设计"概念为基础缔结了城市规划协定后，该协议会便开始启动工作。

　　协定规定了18.5公顷主要街区内的规划基本事项，其内容涵盖了从土地利用规划等城市规划的基本方针，到城市基盘设施整备、建筑规划、供给处理设施、环境对策、停车场规划和街区的维护管理等与地域管理相关的事项。城市规划协议会为推进协定中的工作，展开了调查、基盘设施整备、促销等活动。

此外，18300平方米的港湾公园中的水景公园方案是通过设计竞赛确定后实施的（1991年），而金港公园的规划方案则是由当地大学生、市民和土地所有者一起开展工作营后确定并实施的。

市民参与也是该区域的一大特色。1995年横滨港湾地区城市规划信托公司成立，以6亿信托财产（横滨市3亿日元，三井不动产＆相模铁道共3亿日元）为基础，展开了城市建设所必需的环境整备、调查研究、活动，并对从事广告活动的个人和团体进行资金支援，限额为每个项目最高1000万日元。为了将"艺术＆设计"概念进一步实现，确立好地域管理所必要的资金组织模式，促进市民、NPO（志愿者）、艺术家及民间企业的规划参与活动也是该区域的特色之一。

4. BankART（神奈川市横滨县）

2008年是横滨市开港150周年，开港以来留下了居住地、大使馆、银行、商社大楼等街区形成的历史遗迹。马车道和日本大道等位于横滨市城市设计的延伸区域，在城市设计中引入了艺术概念，以"创造型城市"为宣传口号，找到了新的城市建设方向。这一系列中值得一提的项目是BankART1929（将城市中心的历史建筑转型为文化艺术建筑的实验性项目）。

在欧美等国，经常可见到老旧建筑再利用的例子，而日本则不常见。直到最近，因为考虑环境问题，才开始了这类活动。BankART1929是由横滨市主导的改造项目，意义十分深刻，它以艺术家们的活动为基础，在古老建筑物中融合了新的创作活动，开拓出了一个全新的能够培育创造性环境的场所（图3.4.1）。

旧横滨银行总部的别馆是1929年建设的古典主义样式银行建筑，1995年其传统样式的半圆形阳台被采用曳家工法（译者注：不破坏建筑的内外结构，将建筑体整体移动的改造方式）移到了与岛大厦（Island）旁，并

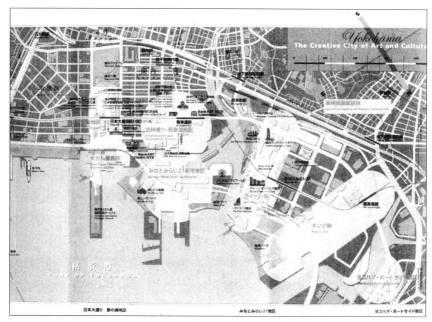

图3.4.1　BankART项目的位置

与其相接，作为城市更新的公益设施得以保存和再利用（图3.4.2）。这里也是BankART1929横滨事务所的所在地。

旧富士银行横滨支店也是1929年的建筑，原为安田银行横滨支店，2002年实验性地改造成市民活动的共用空间、音乐厅、画廊等。

这两栋建筑的始建年份也是BankART1929名字的由来。

沿海岸线的日本邮政馆资料馆，现在被改造成了名为BankART Studio NYK的美术家创作基地。这原来是一栋素混凝土的仓库建筑，有着高高的天井，现在常被用作展示厅、美术馆和摄影棚等（图3.4.3）。

这些老旧建筑的运营主体是在2003年11月的公开募集中，从24个参赛队中选出来的由非营利性组织法人STspot横滨以及YCCC项目组成的联合团队，即上述的BankART1929事务所，2004年起开始启动工作。由横滨市政府负责场所费和光热费，每年约出资6000万日元作为运营委托费和事业补助金，但每年事务所的独立经营收益也有6000万日元左右。

图3.4.2　由建筑师小组巧妙设计的艺术设施　　图3.4.3　日本邮政馆资料馆改造后的BankART Studio NYK，建筑师的活动激活了公共空间

横滨市组织了推进委员会，与该民间运营团体协同合作推进项目。公设民营的合作中通常会有很多壁垒，其优点是信息的更新和传播速度快。从2003年开始到2004年的一年半时间内，BankART1929组织开展了900余次活动，同时协助其他团体开展活动450余回，堪称行政和民间合作的典范。

横滨市计划把从日本大道和北仲路·马车道路到横滨未来港口21地区的码头一带打造成自然艺术公园，以提高城市的创造容量。

创造界隈项目，指的是围绕此自然公园计划（含历史建筑和仓库等），艺术家和创意者们一起营造出展览、居住、商业的邻里空间的项目。该项目也成了可供学习推广的城市更新的新方向。其中，ZAIM交流沙龙就是将旧关东财务局/旧劳动基准局改造为文化艺术创造活动基地的一栋建筑。这里是2005年的三年展、2008年的开港150周年展、2011年的三年展的重要据点。

与此项目相承接的横滨市北仲通5丁目暂定利用项目"北仲BRICK&北仲WHITE"，纳入再开发计划的仓库公司办公楼被便宜地租给艺术家和建筑师、设计师，以提高再开发事业规划期间街道的活跃度，促进文化艺术活动的开展。实际上，与这里相关的艺术家和设计师等也确实是BankART1929活动的中坚力量。

然而，市中心再开发项目中预计在该地区落地的新高层建筑，如何与这些活动在文脉上相联系，还是个需要探讨的课题。

5. 苏我地区（千叶县千叶市）

苏我地区是以千叶县千叶市填海历史最久的前川崎制铁（现在的JFK）工厂遗址为中心的区域。这里，我们主要介绍被指定为都市再生紧急整备地域的苏我特定地区（227公顷）。

该地区开发构想形成的一个背景是前川崎制铁将其中心转移到新的填海地，旧的填海地土地如何处理成了棘手的问题，于是千叶市政府在1996年提出的苏我临海部开发整备基本构想的基础上开始了新的开发构想策划。

1999年的时任建设大臣将"千叶市临海部地域"（约1040公顷）指定为都市居住环境整备重点区域，2000年建设局和千叶市制定了"千叶市临海部地域"（227公顷）都市居住环境整备基本规划。其中"苏我特定地区"被指定为重点整备区域，2001年确定了具体的整备规划。2002年，其中的116公顷被再次指定为都市再生紧急整备地区，开始了城市整备建设（图3.5.1）。

此外，该地区还导入了土地区划整理项目、街路、都市公园项目，有明确的再开发规划。

被定为娱乐区的地块中规划有大型商业与影院综合体"苏我港湾城市"。在都市公园建设方面，随着防灾公园街区规划的实施，占地46公顷的体育设施——苏我公园也建设起来，这也是一个建有足球馆的体育公园，该足球馆是一个为专业足球队所使用的主场足球馆。

规划前（2000年）

规划后（2008年）

图3.5.1　制铁厂用地规划

该地块最内部的地块名叫生态公园，其建设目的是以川铁时代的资源回收处理平台为中心，把环境相关的产业集中起来，形成产业集群区域。

该地区建设预计分为3个阶段，需要15年时间。其核心开发管理任务由UR都市机构来承担，并与千叶县和JFK合作完成。

景观方面，2005年制定了《苏我临海地区景观设计导则》。然而这个导则的基本构想是拆旧建新，考虑到安全问题，原有的溶矿炉（图3.5.2）会被拆除。拆除后，地块在景观设计上并没有对制铁场的记忆和存在性进行针对性的考虑，只是摆放一个体现溶矿记忆的雕塑（图3.5.3）。

此外，2005年政府还制定了以苏我站为中心，含填海地区、建成中心区的城市整备规划的"JR苏我站周边地区整备规划"。今后在城市发展上的课题是如何形成行政、市民、企业的伙伴关系，以及有实效性的工作推进机制。

图3.5.2　熔矿炉将被拆除　　　　　　图3.5.3　体现熔矿炉记忆的雕塑

6. 东五反田地区（东京都品川区）

东五反田地区的开发总体规划，是以含大崎地区在内的东京都长期规划（1982年）为基础的，其基本构想是将大崎站周边地区建设为七大副中心之一。品川区于1985年制定市中心整备基本构想，其方针是形成连接目黑、五反田、大崎、大井町的城市轴，提高集聚效应（图3.6.1）。

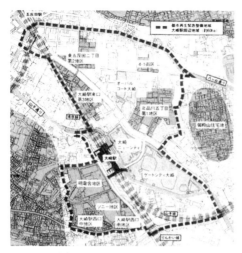

图3.6.1 含东五反田地区在内的大崎站周边地区设计构想

1986年政府制定"大崎站周边地区市中心构想（高科技区域构想）"，开始了各个地区的整备工作。

与大崎站最近的门城大崎地区的整备工作是最先开始的，东五反田、北品川5丁目地区则更地处内部，又属于街区工厂和住宅混合区域，针对整备工作的合意形成以及积极的市民参与也是十分关键的。

因此，2002年政府开始指定都市再生紧急整备地区，以推动整备工作加速进行。被指定的区域面积近60公顷，包括大崎站西口地区及与之相邻的门城大崎小区，大崎新城地区与目黑川相邻的东五反田地区（大崎站东口第3地区、北品川第1地区以及东五反田2丁目地区）。"都市再生愿景"中明确了整备的整体构想，由城市发展组织，以及行政和民间开发组织组成的"城市发展联络会"开展社区营造工作。

以东五反田地区高科技区域构想（原文为urban development）为基础，再加上1992年制定的"东五反田地区更新规划"（建设大臣认定），最终形成了该地区的总体规划方案。

规划的推进组织是从1987年成立的"东五反田地区开发动向联络会"开始的，以开发热度最高的5个街区为中心的"东五反田地区城市发展推进协议会"（1993年设立）为母体，率先开始实施工作（图3.6.2）。1996年这5个街区在品川区缔结了一个"东五反田地区城市发展协定"，确定了建设"宜居、宜行、宜职街区"的规划概念，以及"与开发相适应的阶段性都市基础设施整备"、"公共领域设计导则引导下的良好城市环境的形成"等一系列方针。

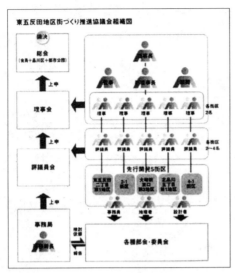

图3.6.2　东五反田地区城市发展推进协议会组织结构（来自《五反田地区的社区营造》，2004）

图3.6.3　公寓周围的庭院

东五反田地区城市发展推进协议会下设艺术设计部门，1998年为开展地区景观整备，制定了《城市设计导则》，确定了7个目标和5个城市发展方针。方针中强调要确保通路的个性与连续性、通路的层次构成以及低层天际线的形成，确保广场空间，使街区拥有开展工作营的空间功能。

1999年东五反田地区都市设施管理研讨委员会成立，2000年该区与品川区缔结了"东五反田地区都市设施整备与管理基本协定"。从此形成了与区域管理息息相关的官民联动机制。其中值得一提的是当地推进协议会的事务局，其实是三井不动产公司，负责了整体的开发管理。

该地区的核心工程是一类市中心的再开发项目，如椭圆庭院（Oval Court）街区的设计就采用了椭圆形的广场，与开放的外部社区道路及铺装相连接，塑造出了优质的外部空间环境（图3.6.3）。

此外，在大崎副都心扩域后，政府在其中的目黑川区域主导了"活用河川的社区营造"工作，2003年指定"以活化水边空间利用的社区营造为目标"的规划方案，2005年都市再生紧急整备地域的城市发展联络会制定了《大崎站周边地区的环境设计导则——水·绿·风的社区营造》（图

3.6.4）。导则的主要目标是积极引导河边凉风，缓和城市热岛效应，让建筑的朝向和道路的方向利于风的穿行，同时积极确保绿地和墙面绿化等。

7. 丰洲地区（东京都江东区）

江东区的再开发案例，是位于东京江东区丰洲1–3丁目的石川岛播磨重工（IHI）造船厂遗址再开发工程（图3.7.1）。

图3.6.4　大崎站周边地区的环境设计导则
　　　——水·绿·风的社区营造

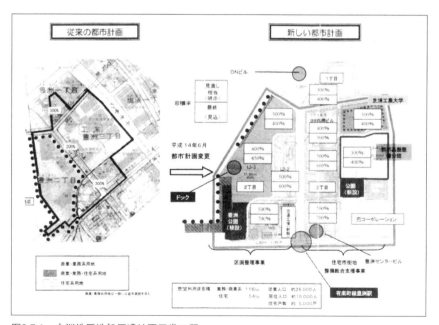

图3.7.1　丰洲地区造船厂遗址再开发工程

这个地区再开发的契机是1988年东京都的"临海部副中心开发基本规划"的制定以及"丰洲·晴海开发基本方针"的出台。规划中三条干线道路，即彩虹桥、二环线及晴海路都延伸到了填海区一侧，为了不与IHI造船厂的大型船舶运输相冲突，造船厂决定迁移厂址。1991年IHI正式宣布将造船部门转移和集中到横滨。1993年东京都规划确定了晴海路的延长（架桥）方案。

2001年东京都公布了"丰州1-3丁目地区城市发展方针"，该地区将此方针作为城市总体规划方案（master plan）开始了整备实施工作。IHI因为没有开发经验，邀请三井不动产担任其顾问参与开发。2002年IHI工厂封闭并转移，同年6月政府的再开发地区规划（方针）得以确定，7月该地区被指定为都市再生紧急整备地区。

丰洲2丁目一侧的开发是由土地区划整理项目来推进的，丰洲3丁目则是由住宅市中心综合整备项目来推进，实施主体是UR都市机构。1丁目则单独由三井不动产来进行高层集合住宅的开发。规划确定的丰洲1-3丁目开发规模为容纳居住人口22000人、就业人口33000人的街区。

丰洲2丁目中有大型商业综合体项目"拉拉港湾商城"（Lalaport），该项目面向海边的露台上还设计有保留了老造船厂码头形态的室外开放空间，海上公园也一直延伸到水边，与丰洲公园相连。此开放空间不仅是再开发地区中因容积率超高而补偿建设的公共空间，也发挥了巨大的招徕顾客的作用。尤其是造船厂遗址所在的城市码头露台，已经成了重要的地标性景观（图3.7.2）。

此外，该商业综合体中的大型儿童职业体验品牌项目—趣志家（Kidzania）也好评如潮，吸引了大量的人流和消费（图3.7.3）。

该区域再开发的主要规划对象是丰洲2、3丁目，其实施主体是由土地所有者组成的丰洲2、3丁目街区发展协议会（2002年）。该组织承担了开发相关事务、社区营造引导以及住宅区公共空间的维护、管理工作，同时也负责筹集开发及其他事务的推进费用（图3.7.4）。

和协议会不同，该区域还有一个名为"丰洲地区街区管理研究会"的组织，也成立于2002年。该组织分为社区营造部、能源部、信息通信部三

图3.7.2　室外空间的设计采用了造船厂的隐喻

图3.7.3　趣志家吸引了大量人流

图3.7.4　水边的住宅

个专业部门，除了土地所有者之外还汇集了很多行业精英，主要研讨推动新街区发展的新技术活用以及新事业开展方向的问题。

　　丰洲地区在事业推进上的特色就是这样一种由街区管理研究会以及街区发展协议会形成的两环结构。实际上，三井不动产作为事务局的角色，也仅在开发初期较为明显，今后这个角色如何转移到自发性组织机构上去，是十分值得关注的（图3.7.5）。

图3.7.5　原造船厂留下的大螺旋桨设计为纪念雕塑

项目地点一览表 ※BankART 是与横滨未来港口 21 联动的参考项目　　　　表 3.1

指标	川口	横滨			千叶	东京	
	中央地区	未来港口21（MM21）	港口区 Portside	BankART	苏我	东五反田	丰洲
城市更新项目	市区再开发项目，都市再生紧急整备地域	填海土地区划整理项目/地区规划制度	市街地再开发项目，住宅市街地综合整备项目	仓库和老旧建筑再利用的软件项目	土地区划整理项目，都市再生整备地域	市街地再开发项目，城市再生紧急整备地域	再开发地区规划，都市再生紧急整备地域
规模	88.8公顷	186公顷	25.1公顷	一	118公顷	29公顷	60公顷
之前的土地利用	铸造工厂，啤酒厂等	填海区域，旧港湾设施遗址	仓库、港湾产业设施	老银行、仓库等	制铁厂	小工厂与住宅混合	造船厂/重工业产业设施
规划启动时间	1979年。之后阶段性发展到2002年	1965年填海，1978年规划，1983年项目化	1981年。1986年项目化，1988年达成协议	2004年	1996年。2002年项目化	1982年。2002年项目化	1988年。2002年项目化
规划人口/户数	3200户	56000人就业/1600人居住	6500人（现在3000人）	未明确	未明确	3400户	33000人就业/22000人居住/5630户
土地所有者	未明确	36家主要企业	22家主要企业	因进港而异	1家企业（JFE）	92家企业	9家企业
主要管理组织	川口市	MM21（株式会社）（第三方）+市	街区发展协议会	横滨市创造都市事业本部	UR都市机构	三井不动产	IHI+三井不动产

指标	川口	横滨			千叶	东京	
	中央地区	未来港口21（MM21）	港口区Portside	BankART	苏我	东五反田	丰洲
管理结构	因地区而异	MM21（株式会社）+市、UR都市机构、三菱地所 其中两个区域为MM21街区发展协议会	街区发展协议会	横滨市创造都市事业本部+执行委员会	UR都市机构、JFK&市	地域社区营造推进协议会	丰洲2·3丁目街区发展协议会、街区管理研究会
参与过程	川口站东西地区周边整备规划调查委员会（1979年）（但此委员会并不面向市民）	八十岛委员会'78设想、MM21城市博览会YES'89	港口区公园方案由设计竞赛决定、街区发展协议会	艺术家的参与	召开本地自治会与协议会	权利人士成立组织、五个地区代表形成委员会	一个大型土地所有者
愿景及蓝图	高山英华委员会设定的人原则、川口站周边规划（1983年）	1981年湾岸都市再生总体规划	艺术&设计、街区发展协定	国家艺术公园	苏我特区开发规划	大崎城市复兴愿景	"城市码头"（Uran dock）、丰洲1-3丁目开发规划
环境保护	站前广场的邻里公园的小流水景观，用人工地基覆盖了停车场及自行车停放场的近邻公园	热电联产系统	信托机构促进了与环境相关的市民活动	老旧建筑的再利用	生态公园	环保设计指南、河川边凉风的利用	由社区营造指南来引导环保

指标	川口	横滨			千叶	东京	
	中央地区	未来港口21（MM21）	港口区 Portside	BankART	苏我	东五反田	丰洲
设计指南	无	地区规划、景观设计指南	艺术&设计、街区发展协议	横滨城市设计指南	苏我设计指南	城市设计指南、社区营造协定	社区营造指南
公共空间的品质	站前的邻里公园成了地域的特色景观	对行人而言尺度过大，近海岸线的公园可提供让人们安静放松的场所	艺术&设计、绿&设计所个性化	艺术家的活动形成了新的场所意义	绿化较少（因为是海岸填海区）	行人道一侧的管理十分到位	水边露台是"城市码头"的象征
地域识别性	因项目目而淡化	标志性的高层开创了新形象	还需依靠艺术成为当地的代表性形象	强化了横滨的地域识别性	暂时保留下来的高炉等制铁厂设施能够代表地域形象，但近期也会消失	从街区工厂的形象转变为新的"花园城市"	水岸、城市码头露台
文脉	铜、铁雕塑	填海区的历史	之前的印象消失，而后再生	老旧建筑的记忆	拥有环境产业设施的公园	告别街区工厂历史	码头形态的露台，水边造船厂（保持造船厂的形状）

识别性与可持续性

1. 引言

为了研究前文所述的识别性与可持续性，究竟如何在城市再开发中体现，我们对具体实施市中心再开发工作的市町村项目相关人员开展了问卷调查（表3.2.1）。

回答者是按照项目负责人的认知来填写问卷的。预备调查时间为2008年，正式调查时间为2010年。从两次调查数据中可看到答案倾向性及意识上的变化，当然也有重复的回答。

调查概要　　　　　　　　　　　　表 3.2.1

项目：①关于项目识别性的考虑
　　　②经济、环境、社会各方面识别性和可持续性的关系
　　　③地面景观与识别性的关系
　　　④区域管理组织

		发放量	回收量	回收率
预备调查	2008年3月	193	124	64.2%
正式调查	2010年3月	238	163	68.5%

2. 识别性与再开发

问卷调查显示，认为通过再开发（问卷中的具体调查项目是"地域特征"，用括号表示）形成了识别性的地区约占全体的30%（表3.2.2）。其原因，从体现识别性的途径上看，最多的回答是"基地内开放空间的景观设计"和"有特色的建筑设计"，之后是"习俗及活动"、"新标志物与遗址"、"场所性"以及"历史记忆"等（表3.2.3、表3.2.4）。

约占半数认为识别性是可以通过城市再开发项目等新开发而形成的（表3.2.5）。

项目地区是否体现了识别性 表3.2.2

	是	否	无回答	总计
2008年	42	82	0	124
	33.9	66.1		100%
2010年	49	113	1	163
	30.1	69.3	0.6	100%

如何体现识别性 表3.2.3

	1 历史记忆	2 有特色的建筑设计	3 基地内开放空间的景观设计	4 特殊的基础设施	5 新标志物和遗址	6 习俗及活动	7 场所性	8 对环境问题的关心	9 名称&徽标	10 其他	总计
2008年	9	17	17	8	9	9	8			4	42
	21.4	40.5	40.5	19.0	21.4	21.4	19.0			9.5	%
2010年	10	18	22	8	12	13	11	7	10	3	49
	20.4	36.7	44.9	16.3	24.5	26.5	22.4	14.3	20.4	6.1	%

可以体现识别性的方法（多项选择） 表3.2.4

	1 历史记忆	2 有特色的建筑设计	3 基地内开放空间的景观设计	4 特殊的基础设施	5 新标志物和遗迹	6 习俗及活动	7 场所性	8 对环境问题的关心	9 名称&徽标	10 其他	总计
2008年	44	56	50	26	21	36	33			7	124
	35.5	45.2	40.3	21.0	16.9	29.0	26.6			5.6	%
2010年	59	71	63	31	37	60	55	46	18		163
	36.2	43.6	38.7	19.0	22.7	36.8	33.7	28.2	11.0		%

城市更新项目中是否有可能形成识别性　　表 3.2.5

	有	完全没有	有困难	无回答	总计
2008年	71	36	20	0	124
	57.3	29.0	16.1		100%
2010年	85	53	25	1	163
	52.1	32.5	15.3	0.6	100%

3. 关于识别性与可持续性关系的意识调查

认为"识别性的形成是衡量市中心再开发地区可持续性的有效指标"的回答约占40%（表3.2.6）。"从哪些方面可以看出来"这一问，回答"文化方面"的最多（约70%），然后是"社会方面"，再之后是"环境方面"、"经济方面"等约占30%（表3.2.7）。

识别性的形成是否为衡量再开发地区可持续性的有效指标　　表 3.2.6

	是	完全不是	不是	无回答	总计
2008年	59	63	1	0	124
	47.6	50.8	0.8		100%
2010年	68	84	9	2	163
	41.7	51.5	5.5	1.2	100%

如果可以，将在哪个方面实现　　表 3.2.7

	1环境	2经济	3社会	4文化	5其他	总计
2008年	26	17	23	47	4	59
	44.1	28.8	39.0	79.7	6.8	100%
2010年	26	20	40	46	2	68
	38.2	29.4	58.8	67.6	2.9	100%

此外，关于规划中是否有针对识别性的项目这一点，回答"是主要项目的"的约占25%，最多的选项是"有，但不重要"（35%左右），其余的

则回答"不是"（20%）和"没有关注"，可见针对识别性，在规划上还未形成很强的意识（表3.2.8）。

区域分区规划是否有针对识别性的项目　　　表 3.2.8

	是主要项目	有，但不重要	不是	没有关注	无回答	总计
2008年	35	14	29	16	0	124
	28.2	35.5	23.4	12.9		100%
2010年	42	59	33	26	3	163
	25.8	36.2	20.2	16.0	1.8	100%

虽然也有人批评市中心再开发工程的"废旧建新"过程中会产生大量的建筑废材，从而破坏城市的识别性，但调查显示这个比例实际很小，仅为9%，更多的回答是"视情况而定"（约占60%）（表3.2.9）。

你认为"废旧建新"行为是否导致了识别性的丧失　表 3.2.9

	是，导致了	完全没有	不，视情况而定	无回答	总计
2010年	15	53	93	2	163
	9.2	32.5	57.1	1.2	100%

关于通过改造和再利用来保留老建筑的做法在现行日本法律制度下是否可行这一问题，回答"视情况而定"的约占20%，回答"不可行"的约占15%；最多的回答是"都不行"，约占60%（表3.2.10）。

在日本的城市更新项目中保护和再利用老建筑是否可行　　　表 3.2.10

	视情况而定	都不行	比较困难	无回答	总计
2010年	34	98	25	6	163
	20.8	60.1	15.3	4.7	100%

现有建筑的再修缮与再利用，也就是"conversion"（改造），在欧美国家中已经有了很长一段历史，而在日本还仅常见于历史建筑的保护。然而，从1990年代后期开始，随着城市中心办公楼闲置量的增加，将其改为住宅的需求也逐渐增长，这股改造的潮流也才正式兴起。"活用现有空置房"的优秀建筑整备项目就是以此为目的的，但在成片的市中心再开发中还不是很多。实际上，作为再开发项目补助对象的公共设施整备费（空地等的整备、供给处理设施及其他设施整备费）中，"其他设施整备"这一项，如果建筑功能转型为集会场和老年人等生活支援设施，其建筑设计费和工程费就可得到补助。当然很多补助还是要依靠"别出心裁"（ingenuity）。调查收集的其他意见还有"结构上要能够解决耐震问题"，此外能够解决防火问题也是获得补助的条件。从建筑价值的角度来看，还有"活用历史性、文化性、地域性"、"被认定为重要景观建筑、被纳入景观地区的规划等"，通过法定的城市规划手续也是必需的，这样也可以减少土地所有者的负担，促成土地所有者间合意的形成。

同时，"不能达成合意"的理由填写栏中也有很多回答。达成合意的最大的障碍是项目的财政合理性。有意见写道"没有解决集体事业中的财源等问题"。此外也有人写道"保留老建筑需要资金维持和保护"，还有的指出项目完成后，管理运营层面的问题还有待解决。"不能达成合意"的理由中占绝大多数的回答是"没有（没有留下）具有地域识别性的建筑"，"（现存建筑）不具备再利用的构造或规模条件"，"能够通过改造留下来的建筑十分少"，这些答案都倾向于没有适合保留的建筑物。从这一点也可以明白，为何除了指定历史建筑文物以外，欧美的再开发会积极地改造老工厂，而日本却很少保留下来改造。再就是防震所需的成本，代表性意见是"防震性和老腐化问题等，再开发=易于让人看到变化后的成果"。

接下来，"识别性对于提高房屋的售价有利吗？"这一问题，回答"有利的"仅30%，经济层面上也没有特别强的意义（表3.2.11）。

識別性对于提高房屋的售价而言是否有利   表 3.2.11

	有	完全没有	没有	无回答	总计
2010年	51	92	19	1	163
	31.3	56.4	11.7	0.6	100%

仅有7%的人回答"在地区开发中，采用了环境特征及可持续性作为标准和指标"。认为"今后需要采用"的回答超过了半数（表3.2.12）。然而，在识别性上期待较高的"设置开放空间质量评价指标及基准"仅有2.5%的回答比例（表3.2.13）。

对于项目的环境特征及可持续性是否设置了标准和指标   表 3.2.12

	有	今后需要采用	完全没有	不需要	无回答	总计
2010年	12	85	62	3	1	163
	7.4	52.1	38.0	1.8	0.6	100%

对于开发空间的质量评价是否设置了指标及基准   表 3.2.13

	是	否	无回答	总计
2010年	4	156	3	163
	2.5	95.7	1.8	100%

开放空间与前文所述的建筑物的改造再利用相比，在财政合理性与共识形成，以及对绿地环境的贡献层面，都还需要更加柔软灵活的对策研究。也可以说，在考虑形成识别性方面，开放空间是最需要被重视的课题。

4. 区域管理与识别性

认为"为了形成识别性，应该进一步下放城市更新项目系统的权力"的回答有30%，选择"完全没有"的回答最多，达57%（表3.2.14）。还有10%的行政强硬派认为"不应该下放权力"。以下是问卷自由填写栏中的意见拔萃。

城市更新项目系统的权力下放对于识别性的形成是否有必要

表 3.2.14

	有	完全没有	不应该下放	无回答	总计
2010年	49	93	17	4	163
	30.1	57.1	10.4	2.4	100%

"再开发事业需要巨大的资金，若是下放权力让地方自治体来推进，促进识别性的形成，这一项目并不会优先被考虑。从推进事业的角度考虑，需要由国家来强力推进。"

此外，还有意见写道"对于所有的再开发区域，都要追求地域识别性的可视化是十分困难的。比如，与特色地理和历史环境（城下、门前、宿场）及产业紧密相关的地区（市场、传统产业、大规模工厂），可以用建筑与活动的形式来体现。第二次世界大战后急速建成的市街区要形成地域性的共识是十分困难的。"与此相对的，也有意见认为"通过开发以及街区运营会形成地域的识别性"，也会成为一个很好的卖点。

以上意见都多少关注到了开展运营工作的区域管理组织，然而实际上回答"有区域管理组织"的只有10%（表3.2.15）。含地域活性化在内，区域管理也是重要的课题（小林，2005），可以预计今后这样的组织会越来越多。

是否有区域管理组织　　　　　　　　　表 3.2.15

	有	没有	无回答	总计
2010年	16	145	2	163
	9.8	89.0	1.2	100%

第4章 都市再发展的识别性和可持续性的探讨

因此，我在某种秘密的域场引力中敞开心扉，因为不可告人的秘密是不存在的。私密性的空间是通过吸引力展示出来的，这个空间的存在就是一种幸福。

摘自：巴什拉（Gaston Bachelard）著，1957年；岩村行雄译，1969年"家，从地下到屋顶、房间，小屋的韵味"，《空间诗学》（日文版），思潮社，47

冈部明子
木下勇

4-1 可持续性城市的区域管理——城市试点项目（UPP）和
城市发展计划（URBAN）中的经验

1. 区域管理的两个重点：社会凝聚力和竞争力

区域管理一般指的是通过各个利益相关者协同合作，对整个（地理上
可识别的）目标区域的各方面事务进行综合性管理。当今，区域管理之所以
成为关注点，有一部分原因是一般只针对某特定领域的单一主体的管理行
为具有明显局限性；而区域管理具有多元性合作和综合性管理方法的特点。

区域管理的重点一般是强调竞争性或者社会凝聚力。以前者为例，以
竞争力为导向的区域管理一般着重于保证一个有利于当地社区、私人和公
共部门等各方共同利益的良好邻里关系。如果所有的相关者协同行动，这
一类区域管理可以使各方都获益，并以整合的方式形成多元性合作的关
系。而若以后者为例，社会凝聚力为导向的区域管理则重在迅速老龄化和
人口急减的住区中维持精简的人居条件。这是一个使多个利益相关方，包
括当地社区，共同参与协作并采用综合性方法解决问题的管理模式。

本章主要分析和评价欧洲共同体和欧盟参与资助的推动可持续性城市
建设的都市项目，并从区域管理角度来关注竞争性和社会凝聚力之间不可
避免的矛盾。

2. 城市试点项目（UPP）和城市发展计划（URBAN）的沿革和
概况

从1989到2006年间，欧洲共同体和欧盟专门针对城市发展问题实施了一
系列资助项目。这些实验性的项目总预算超过十亿欧元，而且受到了组织
性基金的支持（包括欧洲区域发展基金会ERDF和部分欧洲社会基金ESF）。

基于对欧洲地区城市问题的必要性认识，欧盟委员会地区政策总局
在1989年使用约占欧洲区域发展基金ERDF总量1%的基金用于城市更新活

动，发起了城市试点项目UPP-I。此项目旨在解决一些普遍的城市问题，包括社会和经济衰退、不合宜的土地使用规划、历史中心城区的荒废、城市研究与实际发展不关联、中小型企业问题、废弃工厂荒地等等。从伦敦和马赛开始，截止到1993年，UPP-I项目在33个欧洲城市得以实施。

1993年，马斯特里赫特条约开始在欧洲执行后，受欧洲基金资助，URBAN-I和UPP-II计划之下的城市发展项目得到扩展。社区发展试验项目URBAN-I比以前的城市更新项目多了约十倍的预算（其中9%的资金来自组织基金）。1994年到1999年间，在UPP-I计划试验的基础上，城市发展项目开始对人口规模在10万以上的城市进行试点，试点城市范围大大扩张，总共有118个欧洲城市发展试点受到URBAN-I计划的支持。

另外，在1996—1999年间，为了探索更有挑战性的解决方案，UPP-II计划被提上议程。"UPP-II计划期望通过高度综合管理办法来解决从城市交通拥堵和废物管理，到废旧建筑和经济衰退等普遍性城市问题。此城市发展策略将城市硬件基础设施与环境、社会和经济支持相结合，以促进城市的可持续发展和提高市民的生活品质。"在503个申请试点的城市中有26个城市通过。

2000年后，由于欧洲的过度城市化特点，欧盟地区政策专门针对城市问题提出了更大胆的改革计划。但是，由于预算的制约导致区域政策在发展规模上全盘缩减，无法进行全面的改革。而此时，URBAN-II（2000—2006年）计划的提出使一些有关城区发展的计划得以继续。此计划继承和发展了UPP-II的部分内容，是URBAN-I计划的延续。有70个欧洲城市作为URBAN-II项目的试点对象（图4.1.1）。相对URBAN-I项目，

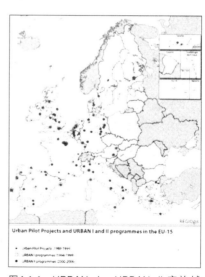

图4.1.1 URBAN Ⅰ、URBAN Ⅱ实施城市分布

第二阶段的发展计划有以下一些特点：

1）项目试点对象扩展到小城市（2万人口或以上）；

2）经济发展水平高的城市，且不曾包括在URBAN–I城市发展计划中；

3）在多元的个体间建立合作伙伴关系；

4）发展计划中也包括采用ICT和其他先进技术来提高竞争力。

综上所述，UPP和URBAN项目是欧洲城市再生的首次试验。但是，由于单个项目的预算规模仅在数十万到数千万欧元之间，连建设一个新的小型公共设施都不够，因而修建新建筑不在这些城市发展项目的支持范围。

一般这些发展资助项目的特点是只针对某些目标明确的城区，以及一些利用综合管理的方法和有限的资金来解决复杂城市问题的项目。

3. UPP/URBAN项目经验：以毕尔巴鄂为例

西班牙的毕尔巴鄂（Bilbao）是唯一受到四种欧洲城市发展计划中的三种计划（UPP–I、URBAN–I和UPP–II）共同资助的城市。

毕尔巴鄂是西班牙巴斯克地区的旧重工业中心。19世纪后半叶，铁、钢和造船工业沿着奈维恩河域（Nervion River）迅速发展，工业区集中在左岸，邻近附近的铁矿资源。由于繁荣的重工业，毕尔巴鄂成为20世纪中期西班牙经济最发达的城市。但是到1970年代和1980年代，毕尔巴鄂遭受工业衰退影响而急剧倒退。

现今，毕尔巴鄂以"古根海姆效应"著称，成为城市去工业化和城市再生效应的典范。古根海姆–毕尔巴鄂美术馆（图4.1.2）（1997年由美国建筑师弗兰克·盖里设计）为后工业化的毕尔巴鄂创造了一种全新的形象。美术馆建在阿

图4.1.2　毕尔巴鄂古根海姆美术馆

图4.1.3　毕尔巴鄂地铁出入口

图4.1.4　职业培训中心

班多尔巴拉区（Abandoibarra），
原来是奈维恩河岸边的铁路站和
港口用地，而沿江建设的地下铁
路大大提高了大都市的交通便利
性。毕尔巴鄂市民以此为傲，当
地人将这条由英国建筑师N.福斯特
（N. Foster）设计的新地铁系统的
入口称为福斯特口（图4.1.3）。

　　UPP–I都市计划重点建设对
象是老城区 La Vieja（图4.1.4、图
4.1.5），离古根海姆美术馆不远，
通过一座桥连接毕尔巴鄂中世纪历
史中心区。此旧城区发展采用的是
"自我重建"策略，即依靠此区居

图4.1.5　老城区（La Vieja）地区

民自身努力来改善住区环境，进而同时解决城市贫民区失业率和住区设施
落后等问题。作为此发展计划中职业训练计划的一部分，原来的保健中心
被培训工作人员改建成一个培训与就业中心（图4.1.6）；一个废弃的恩典
（La Merced）教堂被改建为"毕尔巴鄂之岩"（图4.1.7）青年音乐厅；另
外一个公立学校则改为工艺活动中心，称为"毕尔巴鄂之艺"（图4.1.8、
图4.1.9）。

图4.1.6 毕尔巴鄂之岩

图4.1.7 老城区（La Vieja）地区

图4.1.8 毕尔巴鄂之艺

图4.1.9 毕尔巴鄂之艺

　　毕尔巴鄂UPP–I计划促进了老城区La Vieja的再生，整个项目在2005—2009年间以"毕尔巴鄂老城区——旧金山·萨瓦拉特别发展计划"（Plan Especial de Bilbao La Vieja，San Francisco Y Zabala）之名一直进行着。公民参与是城区可持续发展的一个重点内容。但是，需要注意的是在一个城区变得越有魅力、越中产化的同时，其社会的排他性也随之而来。

　　另一个城市发展计划支持建设的城区在巴拉卡尔多（Barakaldo），处于毕尔巴鄂大城市发展区内，与毕尔巴鄂市相邻。"高炉"钢铁工业区处于奈维恩河左岸，而工人们则密集地居住在厂区后的丘陵地带。1990年工厂关闭后，这个地区被改造成为一个高档滨水住宅区。URBAN–I通过提升贫困城区的实际城市环境来改善以前钢铁工人住区的生活。以前的厂区中心广场也被改建成为住宅区，象征这个城区新的形象与身份，同时保留前钢铁名镇的记忆。而在城镇的上部，位于镇中心的市政府前广场和连接了镇中部与下部的绵延300米的购物街则被重新改造成为城市开放的步行空间。

　　然后UPP–Ⅱ计划针对毕尔巴鄂周边的社区欧特亚卡欧加（Otxarkoaga）进行了改造。"该山区的住房高度密集而且规划不周，住区是为了解决毕尔巴鄂市1950年代的工业急剧发展造成住房短缺的问题而建的。因而UPP–Ⅱ计划旨在通过综合措施解决该区高失业率（35%–40%），技术工人水平低和城市环境恶劣等（后工业城市）问题。"

　　根据前阶段的UPP–Ⅰ中老城区"自我重建"中得到的经验，此阶段的计划将社区重建的实际活动与市民的职业培训和商业活动支持相结合，让当地群众在住房改建项目中得到相关培训。同时，社区成立了一个家电、家具回收和修理中心，雇用当地劳动力，解决就业问题。

　　整个毕尔巴鄂大都市圈的复兴计划，包括阿班多尔巴拉和巴拉卡尔多城区在内，其管理是由一个名为Ria 2000的上市公司负责。而欧洲基金支持的城市层面发展计划也被整合在毕尔巴鄂大都市圈复兴战略中。他们通过一些明智有效的举措来解决社会的包容性，实现可持续发展。

4. 欧洲可持续发展城市政策中综合性措施的沿革

　　UPP和URBAN都市计划系列延续了16年，从1990年代开始，欧洲各国携手一起探索都市的可持续发展理论，开展了可持续城市发展的实验。

　　"综合性解决举措已成为解决城市问题的必需途径，因为只针对特定问题的解决方法在现实中有诸多的局限性。这种观点已经成为欧洲人民解决现有都市问题的共识。此外，欧洲有着悠久的城市社会传统，对城市的发展潜力一直有着坚定的信念，其历史根源可以追溯到城邦时期，他们认为'（城市）是一个可以找到创造性的解决方案来全面解决城市社会、经济和环境问题的地方'。"

基于功能主义的城市规划发展的历史可以追溯到1960年代后期，在1990年代之前，还没有对这类城市发展问题提出批评。当时，城市人口急速增长，城市机动化发展迅速，因而基于理性主义的功能分区的城市发展方法成为适合当时的高效率的方法。其后，城市的过度蔓生导致城市低密度化，因此，城市社会学家，如亨利·列斐伏尔（Henri Lefebvre）和建筑师莱昂·克里尔（Leon Krier），一直警告说城市作为一个场所，其多元化、城市围合空间的互动性，以及这种能够激发城市创造性活动的适宜的空间密度和紧凑性等这些城市根本特性，因这种功能主义的城市发展而遗失。然而，在快速城市化的现实面前，他们没能用一套系统的理论来解决功能主义城市发展问题。随后，全球环境问题得到高度重视，导致1992年在里约热内卢的地球峰会将"可持续发展"作为取得全球共识的发展目标。可持续发展的思想结合了对功能主义城市发展方法

图4.1.10　都市环境绿皮书（欧盟环境总局，1990年）

的批判，产生了城市可持续发展的新观念，其思想的出发点可以在1990年欧盟环境总局编制的《都市环境绿皮书》（欧盟环境总局，1990年）中找到理论依据（图4.1.10）。

在环保方面，许多欧洲城市都支持城市可持续发展的理念。他们签署了奥尔堡宪章（1994年），并加入可持续城镇和城市运动。另一方面，在区域发展方面，前面提及的UPP和URBAN项目发挥了先锋作用。欧盟区域政策总局在《欧盟城市发展备忘录》（欧盟区域政策，1997

年）中肯定城市在区域发展中的重要性。

如果我们回顾城市可持续发展理念产生和发展的历史背景，明显可知，其理论和实践都是一贯采取"综合性措施"的。换言之，社会要持续发展必须认识到解决个别问题的针对性方法是不可能解决城市发展中长期出现的失业问题，也不利于重新建立适应全球化的区域经济，以及不利于逐步建立一种减少环境破坏的生活方式，而只有综合性措施或解决方案才是城市可持续发展走向成功的关键。

尽管采用综合性措施有助于理解城市是一个整体的概念，但由于城市发展涉及太多相互矛盾且复杂的因素，且这种方法不能直接产生（针对某些具体地区的）具体政策，因此UPP和URBAN都市计划对于集中体现当代城市问题的特定地区试验性地运用了综合性的方法。在15年的探索和努力中，计划扶持城区的选择标准以及城市发展计划的重点都随着具体时间和实际情况明显变化。在1990年代，城市发展的主要焦点是"社会凝聚力"，大多数项目关注有种族隔阂问题的城区，因为在这些经济发展萧条地区的城市，都有城区老化和大量移民及失业的问题。

2000年的里斯本战略提出"增强竞争力"作为欧盟发展的重心，与此呼应，"增强竞争力"和"社会凝聚力"成为其后欧盟城市发展项目的两个重点目标。

同年开始的URBAN-II计划就制定了以下三个关键综合性措施来满足城市发展的需求：1）增强竞争力；2）解决社会排他性问题；3）城市与自然环境再生（欧共体区域政策，2003年）。而一些欧洲经济发达城市也在这个发展计划中，因为有些发展项目主要以通过综合管理方法来增强城市竞争力为目标。此外，注重社会凝聚力发展的项目明显地扩大其扶持建设对象的范围，从发展萧条区到历史名城中心区，再扩展到经济贫困的城郊住宅区。

5. UPP和URBAN计划在区域管理方面的成果

首先，UPP和URBAN在区域管理方面具有先进的试验示范性，因为存在以下几种条件，他们在欧共体/欧盟层面是政策性管理方法：

1）1990年代，欧共体/欧盟迅速加强其政策，为其1999年的货币统一做准备。

单在欧洲范围内，由于影响城市公民生活的重要决策越来越与市民无关，批评之声渐起，并被称为"民主赤字"。对此，欧盟深切意识到"旗帜"性项目的重要性，这可以让欧洲人民感受到欧盟政策实实在在的好处。通过对目标对象的明确界定，它甚至对小预算项目都产生明显的促进作用。尽管它不是有意地采用区域管理的一些原则和方法，至少在一开始是没有的，城市发展计划最终成为积极干预一些大胆"圈定城区"建设的一种试验性方式。

2）庆幸的是，以前欧共体/欧盟没有城市发展政策，所以引入新的"综合性办法"比较容易，没有现存政策措施造成的困扰。尽管整合性工作方式具有重要意义这一观点早已成为共识，但是由于一些阻碍因素，如传统的城市规划方法论、政治因素、官僚本位主义等等，以致之前一直难以实施。

3）为了这些发展项目在资助期满后仍能持续发展，欧盟寻求参与者以多方合作的方式进入UPP–II发展项目中，并规定了这种合作关系作为获得资助的一个条件。即使在那些缺乏多元合作经验的社区，怀着获得项目资助的共同愿望，也开始通过试错的方式尝试建立这种合作关系。

4）欧盟面临问题的特殊性。欧盟总体上可以说是一个由多个主权国家组成的超国家机构。尽管欧盟在原则上不具有城市政策的决策权力，通过城市政策的资金资助措施，欧盟可以对之进行干预，但是即使是间接性的干预（欧盟组织特点），也需要给出诸如欧洲迫切需要解决的课题之类的充足理由才可以。出于这个方面的考虑，欧盟在1990年代初出台了一套非常谨慎的资助制度，只针对那些受欧洲共同市场扩张、激烈竞争影响而导致发展资金紧张的弱势地区。从而，对有社会、经济、环境问题（包括城市设施环境）且经济不景气的地区进行了针对性治理，受这些综合性问题困扰的地区得以实施区域管理办法。在这个阶段，欧盟通过资助措施干预城区建设的重点是"社会凝聚力",而不是"竞争力"。

此外,就业援助计划在经济萧条城区主要针对失业人群,因而一些低技能培训,比如维修、翻新等能灵活满足当地多样基本需求的工作,得到比较多的资助,而不是那些劳动力市场中高技能和具有高竞争力的工作培训。

5)欧洲各国或地方政府对住房政策肩负各自相应的责任,因此欧盟的住房建设资金是不允许用于建筑外观条件等改造项目的。基于这个原因,欧盟城市发展项目主要是努力提高诸如街道、广场等公共空间品质和培育居民对本地的认同感。

但是,这种被扶持城市的筛选标准易招致两种不满:一种不满是那些有着高竞争力且被排除在UPP和URBAN城市发展补助计划之外的城市,即使这些城市由于其强大的经济吸引力吸引欧盟境内外的移民涌入,但其住区也同样遭受发展萧条的问题,失业率超过30%。因此,URBAN-II将支持城市范围扩大到比较富裕的城市。

第二种不满,主要是针对整个欧洲区域发展基金和其他欧洲基金。因为上面的筛选标准意味着对欧盟基金贡献大的经济发达国家却无权享受其贡献的成果。有人认为既然这种约90%资金用于改善基础设施的资助是欧盟各成员国之间一种不可避免的资本再分配,那么至少应该让所有成员国都能在UPP和URBAN这种都市创新发展项目中获益。受到2000年里斯本战略以"发展竞争力"为核心的推动,欧盟基金资助范畴扩大到那些能在一定领域中提高竞争力的城市发展项目。而以前那些只强调社会凝聚力的发展方法也逐步拓展到提高竞争力的发展方向来。

6. 社会凝聚力和竞争力之间的悖论

在日本,竞争力导向的措施往往被认为和区域管理相关,就像大手町、丸之内、有乐町(OMY)等区域管理协会那样。OMY是位于日本首都东京城市中心的一个高档区,处在东京车站和皇宫之间,是日本第一个成熟的现代化商务区。目前的区域管理措施已经成功地提升了它作为商务和商业区的吸引力。但是日本的区域管理与上面提及的欧洲的管理模式不同。然而，小林（Shigenori Kobayashi）在其撰的《区域管理》（小林，2005年）一书中不仅仅提到"城市发展是为了积极地提高城市品质，使之更有竞争力"，同时也说"城市发展需要对发展萧条地区进行城市再生和更新"。从字面上看，这意味着他关注的不仅是"竞争力"，也有"社会凝聚力"。

小林认为后者主要适用于城市中心区域。他在书中讨论了一些城市创新发展的案例，比如青森县、福岛县、三鹰市、南澳、松江、潮汐、高松等城市。尽管这些城市发展项目支持地区都有经济发展疲软问题，但是它们仍然是当地商业活动中心。在这种情况下，当地城市管理主要是试图通过恢复人们对这些中心区的认同感来改善和提高城市竞争力，而较少关注社会包容性方面的内容（图4.1.11～图4.1.14）。

在日本，如果要找一个可以和欧洲的UPP、URBAN都市项目相媲美的关注社会凝聚力的区域管理案例，尽管情况有其独特性，横滨街寿町的做法可以算一个代表。在全球竞争的影响下，竞争力为导向的区域管理模式有着悠久的历史，许多成功案例也证明其有效性。然而，面向社会凝聚力的区域管理不只是简单地提升竞争力的发展管理措施。问题在于，以社会凝聚力为导向或以竞争力为导向的两种区域管理模式中，哪种又是实现城市可持续发展的有效手段？（要注意的是）以竞争力为导向的区域管理模式会加快城市居民间的生活差距。就这个问题，在UPP、URBAN项目评审中，各国进行了积极的讨论。

首先，如果只针对那些目标建设城市本身而言，一些成绩是有目共睹的。但问题是，通过一个城区建筑环境的改善而创建的城市环境要能让各层面城市居民切实感受到自身对整个城市的可持续性发展或者降低整个欧洲的失业率所做的贡献。遗憾的是，目前取得的成果和影响还是太小，以致在统计数据中不能体现出这种效果。

其次，并非所有曾经经济萧条的地区通过欧盟都市项目扶持后都有同样积极的成果。比如，毕尔巴鄂市的历史城区中心改建项目获得UPP-I

图4.1.11　高松

图4.1.12　高松丸龟町商业街再开发地区

图4.1.13　高松丸龟町商业街

图4.1.14　赤羽住宅团地

的资助，而其另一个城郊发展项目获得了UPP–II的支持。前者地处市中心，市民游客如织，离古根海姆美术馆不远。综合性治理措施有助于缓解社会问题，并开始改变曾经恶劣的城区环境，且已在建的相关城市基础设施也成为市中心区发展建设的一部分。

　　相比之，后者由于位于地理位置相对偏远孤立的高层住宅小区，即使有UPP–II项目的支持，其城区面貌的变化也不明显，不活跃。

图4.1.15　国际建筑博览会劳奇兹项目　　图4.1.16　国际建筑博览会劳奇兹项目

　　如今，许多日本城市郊区住宅小区的情况可能和欧洲的那些发展萎靡的地区类似。然而，欧洲UPP、URBAN都市计划的过往经验遗留给我们的问题是，在那些发展疲软的偏远郊区，关注社会凝聚力的区域管理模式是否真的可以帮助社区重振地区形象，让他们的居民重拾自豪感。对于这些穷困郊区的创造性管理模式必须善于发现其中的正面价值。在日本年轻一代中，就不断涌现出郊外住区的爱好者，他们在那些单调、统一、干净的20世纪60、70年代的公屋景色中发现了独特性。而在前东德政府的国家政策下建设而现今荒废的工业城市中，IBA（国际建筑博览会）的劳奇兹项目（Lausitz），则是将一个萧条、破败的前露天褐煤矿开发出新的形象（图4.1.15、图4.1.16）。

　　一般会认为，理想的区域管理模式是先从"社会凝聚力导向型"开始，然后再转到"竞争力导向型"。许多欧洲专家关注的一个成功案例就是22@巴塞罗那项目（图4.1.17～图4.1.19）。该22@项目是治理一个分散在经济萧条的滨海工业区的前工业住宅区。22@项目以全新的正面形象取代了这个地区之前功能混乱的局面，让住区焕发新生，人们能够

图4.1.17　巴塞罗那

图4.1.18　巴塞罗那

图4.1.19　Bcnforum

图4.1.20　阿格巴塔

就近就业，高效率利用现有建筑，并使文化知识型产业形成群落化、规模化。在20世纪80年代末这一雄心勃勃的项目宣布时，没有人相信这个想法能成为现实。令人难以置信的是，尽管还存在很多问题，该地区如今已脱胎换骨。如今城市中由法国建筑师让·努维尔（Jean Nouvel）设计的阿格巴塔（Agbar Tower，自来水公司）就成为22@区的形象标识（图4.1.20、图4.1.21）。

图4.1.21　阿格巴塔

然而，并非所有的西班牙地方专家都对这些好评持认同态度，因为这些萧条地区的面貌彻底改观是在一定的背景下发生的，这就是欧盟为了提升整个都市经济而推出的特别经济刺激计划。而且，如果不是因为1992年西班牙巴塞罗那奥运会后持续十年的城市发展泡沫，区域管理模式从"社会凝聚力导向型"向"竞争力导向型"的转变也不可能实现。

第一个催生这个地区复兴的因素是奥运村的建设。人们对这个地区应定义为低收入者还是中高收入者的城区进行了艰难的讨论。结果是，该地区普遍多数的居民，除少数新生富裕阶层以外，都遭受了生活质量相对下降的影响，以致有些居民被迫搬迁到邻近更经济适用的市区。这样的现象是不宜成为可持续发展城市效仿的典范的。

"竞争力导向"的区域管理方式也有一定的风险因素，它可能危害城市的可持续发展，比如引进投机性投资，或者加剧本地财富的差距等。有时私营部门主导的"竞争力导向"的区域管理会强制进行城区高档化翻新，从城市居民的基本生活保障中榨取费用。一个真正以可持续为发展目标的城市，必须让市民安心地生活，基于"社会凝聚力导向"的方针建立一个区域管理安全体系，避免全球经济的不良影响，从而保障人们稳定的日常生活。至少对于公共资金资助的项目，区域管理应该以"社会凝聚力导向"为本，优先考虑问题较多、困难较大的地区，比如交通不便的城郊住区，老龄化、低收入居民，环境比较动荡的多移民居住区等。

有时，高品质的设计对于创造城市邻里认同感是非常重要的，它能够扭转负面形象，并创建一个积极正面的城市环境，可以让居民重拾自豪感，让城市朝着可持续复兴的方向发展。但我们也应该意识到，那种创造城市竞争力的管理方法往往会导致城市建设急剧的高档化倾向，同时伴随着社会排斥现象的发生。

来自行政管理者的观点和经验——对话苏黎世都市和区域规划局副局长彼得·诺瑟先生

4-2

问题1：请问城市的识别性和可持续性之间是什么关系？

一方面，一个城市的识别性或城市中的邻里关系，是由基础设施硬件条件和城市建筑环境共同组成的，它们根植于城市历史中，其存在历史以及持续的使用已经成为实现可持续发展的现实基础，或者可以说是实现可持续发展的舞台背景。另一方面，这个"生活剧本"也需要一种多样化的社会结构，让人们居住和生活在一起，满足他们不时地进行信息交流和商品交换的需要。

彼得·诺瑟（Peter Noser）
苏黎世都市和区域规划局
副局长

因为他们才是城市未来可能的居住者。因此，成为引领可持续生活方式的城市居民的一个重要前提即是能够认同自己的家乡，自身具有文化识别性，能够积极融入未来城市建设者的角色中去。

问题2：请问通过可持续发展的努力，苏黎世西区重建项目可以为当地创建一个具有识别性的城市新形象吗？

我们认为，可持续规划，或称之为"好的规划"，以苏黎世西部建设为例，就是负责任地使用一切必要的资源来维护或重建城市。从19世纪末期开始，经历了约80年的繁荣期，该地区在过去的几十年里，已完全失去了它作为这个城市工业区的意义，将这些"历史见证者"进行功能置换，成为完全不同用途的建筑物，既能保存城市历史，同时能够给城市未来带来一些新内容、新功能和创造新的特征和形象。此外，未来的可持续城市架构如何，人们对之理解不同，而新高层建筑形态则成为这些不同反应的标识。现代城市的高密度开发和智能建筑技术也赋予那些生活工作于此的城市居民新的身份特征。

问题3：有哪些案例可以说明可持续发展对一个地区的认同感建设有贡献？

- 维亚杜特伯根市场（Viaduktbogen-Market）复兴项目（图4.2.1、图4.2.2）

此建筑前身为铁路高架桥，曾经是地标建筑，按城市发展规划将对之进行修复和保存。在过去的几十年间，其桥拱下建有一系列的仓库、加工间和小规模售卖点。在19世纪末，为了保护此建筑的石砌主体结构，这些附属建筑全被拆除。但是，当地居民对重建该地区社区特有形象表达出强烈的意愿，因此，该城市与瑞士联邦公司一起开展一项活动，通过建筑设计竞赛的方式集思广益，探求重建城市的合理途径。建设方案要能够被人们广泛地接受和理解，还要能够刺激当地经济，带来地区发展的新活力。

图4.2.1　高架桥下部再利用©Amt fur Stadteball　　图4.2.2　高架桥市场建设©Amt fur Stadteball

- 卢米埃尔（Lumiere）计划，苏黎世西区电车线路项目（图4.2.3、图4.2.4）

到2015年，苏黎世西区预计会有大约7000名居民和近30000名雇员。这样的发展规模需要配套高效率的公共交通系统。于是，2011年12月开放了新的电车线路，辐射范围包括埃舍尔威斯（Escher-Wyss）广场、"硬桥"（Hardbruecke）火车站和城市西部边界的阿尔特施泰滕（Altstetten）

中心区。新干线和现有交通线路连接，通向城市中心区和各主要火车站。埃舍尔威斯广场和"硬桥"站点之间的一座公路桥近0.5英里长。在这种相当简单粗略的城市空间条件下，城市改造的方案则是通过创建特殊的城市照明概念，给游客带来一个温馨、友好的城区氛围。

图4.2.3　路面电车©vbz

图4.2.4　卢米埃尔"硬桥"火车站计划©Amt fur Stadteball

● 大学艺术、音乐与表演园区项目（图4.2.5）

有魅力的综合功能园区既要关注园区内的办公和生活区组合功能结构，又要注重整个城市社会和文化的相关基础设施的完善。该项目园区内，除了现有的造船影院外，还有一座新建的艺术、音乐与表演综合大学建筑。项目园区将在2013年对外开放，这栋在原乳制品厂基

图4.2.5　大学园区建成效果图©emZn

础上改建的建筑，将为5000名学生提供学习和表演空间。该区内写字楼、公寓、餐饮服务等完善的建筑设施对周边城市社区环境形成很强的吸引力。

问题4：苏黎世西区以前是老工业区的形象。现在是否保留了这些历史文脉并能与当前的城市面貌相融合？或者说，您认为对城市"旧形象重塑"的改造项目是否真的能够转变城市形象并使之具有识别性？（这是本书讨论的一个主要议题，比较瑞士基于文化历史的城市建设运动，日本的

情况是大拆大建，他们认为这种全新的建筑和城市景观以及基础设施的建设能够创造新形象并带来地区认同感）

对于前两个问题的回答，我想强调的是：在一个城市开发区内，新旧相结合的方法不是"旧形象重塑"，而是创建城市可识别的独特性。对于城市规划师和建筑师而言，他们的职责是详尽地研究城市原有的历史风貌，从中发现那些和未来城市发展图景相关的特质，探索重建城市的"场所精神"的途径。

问题5：苏黎世西区建设项目中，有哪些社会和经济的可持续发展政策与当地识别性相关？

一旦某地的识别性被认为是历史"根基"和未来"地标"等城市外观与文、体、住、娱乐、办公等这些城市"软件"功能的综合体现，那么与之伴随的可持续发展模式也会有不同层次的体现。我们的基本原则是：苏黎世西区的发展将会是"循序渐进"的。依此，土地持有者、开发商、政治家和公民之间可以基于一系列讨论和协商的框架开展持续的对话与交流，而这样一个合作规划的过程能够提高社会对城市的发展和开发的接受度和成果认知。显然，有关的开发投资必须遵循严格的经济政策，因为建设中需要符合的一系列民主、民生的国家政策和条例都与我们建设"2000瓦社会"基本原则相关，涉及社会各方各面。

图4.2.6 冯斯特韦德公园建成效果图©anton & ghiggi Landschaft architektur

问题6：请问环境可持续性项目如何与社会可持续性发展相联系（比如在市民参与、环境保护活动、相互支持等方面）？

以将来的冯斯特韦德（Pfings-tweid）公园建设项目为例（图4.2.6）。这里现在有上百市民租借土地建成城市菜园。未来公园周围会出现新的不拘一格的建筑形式，很显然这个地方会建成满足现在和未来城市居民不同需要的市区。公园的建设目标是创造一个高品质的让老少休闲娱乐的城市公共空间。为了得到广泛的认可，该项目邀请公众对设计竞赛评选给出意见。人们可以参与设计方案讨论和评判各方案的优劣，参与该项目未来几年内建设的对话。与公园毗邻有一所学校，该校的体育馆也有助于该区成为一个社区活动中心，满足社区不同活动需求，成为公共活动的举办场地。

问题7：对于开放公共空间，苏黎世的公共空间意义规划非常有趣。请问这个规划开展的目的也是为了提高城市生活品质吗？那么苏黎世西区的公共开放空间又有哪些改善呢？

显然，公共空间在过去几年中受到人们越来越多的重视。因此，细心的规划需要对市民各种约定俗成的需求进行反复深入的分析。而高密度城市规划对开放的公共空间有更高的品质要求，这样城市的生活品质才能保持在我们期望的水准上。根据公共空间意义规划，我们可以确信城市不仅仅对城市设计、建筑设计确立了品质标准，特别是对城市景观规划和公共空间设计的品质也提出了要求。依此规划，就像前面谈及的冯斯特韦德公园一样，城中每天游客如织的著名广场也必须能够满足其所在城区的社区中心的不同功能需求。

城市发展的目的可能会提高生活品质，而这涉及环境、社会和经济可持续发展几个方面的平衡。然而，实现平衡并非易事。有时候政治或经济力量可能会破坏平衡，或加重不平衡状况。

是否有某种深刻的理念，类似哲学思想，可以用来同大家讨论和分享呢？就像"我们从哪来，要到哪里去"这类有关人的基本问题。虽然苏黎世西区看起来是缓慢发展，但我认为它的发展项目中蕴含着这类哲学信息，我能感觉得到。

您认为我说的对吗？如果是，这样的理念是如何创建并同各利益相关者和公民分享呢？

事实上，我们都明白未来的规划必须要根植于历史。因为我们只有知道了从何而来时才能讨论我们想去何处。在资本消费社会后期的不同发展阶段中的大变革时刻，历史见证和历史遗产往往具有重要意义。民众和他们的政治代表都明白这一点。他们对城市新发展和大开发项目的抵制和反对都证明人们与城市的历史过往的某种关联。民主而透明的发展进程都应该尊重这个城市的"主角"（市民）们的想法和需求。因而规划初期的协商和对话就十分重要，这样可以避免以后耗时的讨论和许多损害工程质量的妥协。

规划和城市设计的可持续性是一个"取舍过程"，它在不同的主体和层面中找到某种平衡（图4.2.7）。这种"取舍"使得现有的发展状况额外增添了附加值。没有简单的解决方案或理念可以给我们担保可持续性，我们只有通过不断讨论以及验证来保持或达到我们期望维护或达到的社会价值观。

图4.2.7　都市可持续发展理念

如果我们能做到谨慎管理资源，保持我们的经济发展潜力，提供一个开放的社会合作关系和关心我们的文化遗产，我们就可以创造可持续发展的未来城市生活。

110

4-3 环境政策专家的观点——对马尔默市城市发展和气候主管Per-Arne·尼尔森先生的访谈[1]

问题1：请问马尔默市可持续发展的努力能够赋予这个城市全新的风貌吗？

我认为是这样的。比如，1960年代的绿色出行就是一个例子。可持续的生活方式给瑞典带来很大的变化。很多的例子都是环保的领先技术与活动。40年前，人们寻求可持续的生活就是走到自然中去，去那些自然生态山村，远离城市喧嚣，寻求更绿色的城市。但现在多数人不喜欢这样的方式，他们喜欢更现代而便利的城市生活。现在人们喜欢乡镇生态友好的生活方式，人们所寻求的可持续的方式已经不同了。

Per-Arne·尼尔森
马尔默市城市发展和气候主管

问题2：请问马尔默市有哪些项目能够说明可持续发展有助于创造城市形象识别性？

是的，我可以用2001年住房世博会——公共空间的绿色环境来说明。

住房世博会的举办表明瑞典已从污染的老工业区转变成为生态友好的城市。我认为西区海港就是这种新形象的象征（图4.3.1）。由于此港口原有的城市象征——1960年代世界上最大的起重机将被带走（图4.3.2），因此，当地需要一个新的城市符号，像起重机一样的城市象征。

图4.3.1　西区海港Bo01住房世博会

图4.3.2　造船厂时代的标志——巨大的起重机©City Malmö　　图4.3.3　马尔默市的扭体建筑

问题3：请问马尔海默市的扭体建筑能替代原来的起重机成为城市的标志吗？此建筑是圣地亚哥·卡拉特拉瓦（Santiago Calatrava）在竞赛中中标的作品吗？

我并不这么认为。正如我们前面说的住房博览会是城市标志性工程之一。

大企业HSB喜欢用大型活动带动人们的生活。这家公司董事想要做些与众不同的东西，他个性鲜明，投入巨资创建了影响城市的新符号。

你可能不知道卡拉特拉瓦的妻子也是瑞典人。因此他很想为瑞典做些适合瑞典的东西。在另外的一次设计竞赛中，他为哥本哈根和马尔默市城际间设计了一座新颖的桥梁，最终因修建费用太高而落选。

问题4：听说，以前马尔默市是一副重工业城市的形象。请问该市有没有将一些历史文脉和当今的城市特点相融合？或者，城市旧形象改造的新工程能否改变城市原有的识别性特征？

当然历史和现代的融合非常重要，但实现起来并非易事。以隆德大学城为例，它就是历史传统的延续，马尔默市的发展则是颠覆性的。此前，马尔默市非常贫困。18世纪时，一个富有的法国人来到这里，发展工业，有烟草及其他工厂，并将该市建成一个进出口港口。此后，马尔默市作为一个港口城市和重工业城市稳步发展，而到了现代，马尔默市迈着蹒跚的步伐向现代化发展迈进。

100多年前，有个主要针对波罗的海国家的世博会，主要是关于工业、农业和艺术的博览会。参与人数过百万，对城镇建设新的住房产生巨大的影响。该世博会在两个湖泊旁边建设了一个很有名的公园，当时有俄罗斯著名艺术家的艺术作品收藏展，遗憾的是不能售卖。

马尔默市期望成为一个现代化的、市民生活更幸福的城市。这里有很多颠覆性发展的可能性。对我自己而言，我经历了1990年或1990年代中期的工业破产和大萧条，在西海港面临着如何利用废弃场地这样的议题。于是，我们操办了一个2001Bo01住房世博会，其中的一些案例被采用，这是马尔默市发展成为发达而现代的城市的一个步骤。

在过去的20年，我认为马尔默市已经改变很多。现在的马尔默市是一个很美好的、易于融入其生活的城市（图4.3.4）。

图4.3.4a　西区海港Bo01的墙面绿化

图4.3.4b　西区海港Bo01的多样化住宅

图4.3.4c　住房室内

图4.3.5　生态廊道©City of Malmö

但40年前，马尔默的瑞典人看到的是当时1960年代世界工业城市的模样。人们不喜欢住在公寓小而且空气污浊的城内，从城里搬到我们所说的绿色郊区，城市人口大量丧失。与此同时，工业危机出现，土地价格大跌。同期，大量的移民涌入。这些都改变了马尔默市原来的样貌。但是，新市民迁入后，我们有了新大学、新城区，我们有更多新的创造力，有了来自160个不同国家的人们，有了110种语言的多元文化，这些移民认为这地方拥有生活魅力。[2]

我认为，可持续发展城市的重要特点之一是居住更密集，同时绿色又有魅力（图4.3.5），否则，城镇将会侵蚀农耕绿地。因此，可持续的城市应该是规划紧凑、绿色且美好、宜居的地方（图4.3.6）。要成为那样的城市，就要思考带来更美好生活的城市的识别性特征。要考虑工作地方的具体情况，比如像西区海港，使人回忆起工业时期的工作方式。而如今，人们的工作方式有了很大的不同，可能是电脑伴咖啡的形式，他们将城市当作一种生活空间与场所。因而创造有吸引力的户外环境就变得十分重要（图4.3.7）。

一些重要的人物也迁入本市。比如，作为城市园林师的埃里克森（Erikson），他照管着城市的花园和公园，让城区变得更具吸引力（图4.3.8），同时和商店建立合作伙伴关系，一起工作。

图4.3.6a　庭院内的生境

图4.3.6b　常规温室

图4.3.7　居住区周围的滨海胜地

图4.3.8a　滑板公园

图4.3.8b　微型公园

　　马尔默市中心30年前几乎是废弃、空置的。现在市中心创造了很多有魅力的公共空间，这些都很重要，但更重要的是人。

问题5：请问环境可持续项目如何与社会可持续性发展相联系（比如在市民参与、环境保护活动、相互支持等方面）？

这应该是更高的就业率。马尔默市劳动者的标签由各种特征构成，比如过去是灰色的，现在成了绿色劳动者。马尔默也由灰色变成绿色城镇。为了可持续发展我们做了很多，如将资金投入到贫困地区；为实现社会的可持续发展，马尔默市建设成了一个拥有众多移民的多元文化社会；多样化是可持续发展的一个重要因素，可以通过生活在城市里的人们和孩子一起互动来共同建设城市（图4.3.9）。例如，之前问题城区之一的洛森格德（Rosengard），现在我们为当地人设置了丰富多彩的活动，包括这些规划建设事务，如让青年人参与公园的规划，使之吸引年轻人。马尔默市被改造成一个非机动车——单车化的城市，开发更多的场地以便于单车使用。

最近开展的计划是利用有机废物，从有机废物中开采沼气，废物残渣回填成为新的土壤。

图4.3.9a　以船为家

图4.3.9b　狭窄小路穿过的住宅

问题6：请问谁主导城市可持续发展的方向？谁发起这样的城市发展建设活动？谁又一直推进实现这样的发展？请问马尔默的发展模式或概念被市民认可吗？是否有助于城市识别性特征的建立？

市民认可城市这一种生活方式。但是如果涉及你所说的识别性，马尔默市在探索形象的识别性的同时已经有了很多不同的形象特征。

隆德很难改变其作为大学城的传统形象。与隆德相比，马尔默市比较容易建立新的识别性。这里要提到一个重要人物——市长伊尔玛·瑞泊鲁（Ilmar Reepalu），他是一位建筑师和城市规划师。过去20年来他一直是马尔默市长，是推动该市发展的重要人物之一。他来自社会民主党，即使在瑞典社会民主党没落时，马尔默市民仍然会投社会民主党的票，就是因为作为当地领导的市长的个人魅力。

生活在马尔默市的还有一些特别富有开创性的人士，如开设无烟餐厅的餐厅老板，他引入慢餐厅理念，吸引人们前往。城市各类活动也对人们的生活方式产生影响，比如公平商贸等，有人还发起了绿色屋顶花园活动，展示屋顶绿化的优点。再比如，在那些工业区，也在尝试这些新的事物，马尔默市正在成为一个绿色城市。

问题7：请问发展中还有哪些矛盾和冲突吗？市民参与又是如何运营的？

例如，自行车和道路交通部门就存在这些问题。25年前，城市规划是以汽车交通为主，而现在自行车和步行成为交通规划考虑的主要方面。这些本来是工程师和规划师的工作，但从15年前实施城市机动车管理开始，交往和环境行为学专家就开始在这个方面发挥重要作用，他们开展各种宣传和运动。在环境管理部门，我们也有了这样的新角色，而最近退休的交通部长原是土木工程师，随后继任的年轻女部长是生态学家，她在城市交通发展规划中寻求的是可持续的城市移动方式的发展，而不是城市交通的机动性。

环境管理部门有很多策略监督者。这里需要的是决策人和项目领导者，不是开发工具的具体实施方法。由于很多的开发项目要和规划程序协同一致，很多交往专家一直以来从事着马尔默市的变革工作。

注释：

1）与佐佐木Ryuel合作，于2011年11月7日进行这次采访。

2）2011年1月的马尔默市人口为298963。其中有30%，也就是87600马尔默市民出生在国外，马尔默市约有174个民族和大约100种语言（资料来源于马尔默市官方网站）。

马尔默市信息详解：

西区海港的Bo01项目：考库姆（Kockums）造船厂历史上位于现开展Bo01项目的西区海港，该区是瑞典首个中性化气候区，全年可以供给100%的本地再生能源（图4.3.10）。建筑接收太阳能、风能，使用热泵。热泵从海水或者地下水中获取能量，这样有利于热能和冷水季节性储备需要。结合当地的植被以及雨水情况，通过开放的洪水对策管理体系和雨水网管与大海联通，Bo01项目与绿色空间规划整合，以促进生物多样性。绿色节点包括蝙蝠栖息地、鸟舍、枯木等，为其他生灵创建一个栖息地。

奥古斯腾堡生态城：艾克斯泰登（Ekostaden）（生态城）奥古斯腾堡（Augustenborg）是建于20

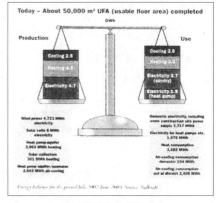

图4.3.10a　西区海港能源设施分布

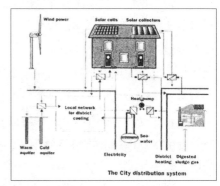

图4.3.10b　2002年7月至2003年6月期间内的能源平衡（来源：Skykraft）

世纪50年代的住宅区，如今急需更新改建，但面临很多的社会和环境治理方面的挑战，其中包括城市的洪水困扰。奥古斯腾堡市现以其城市绿地空间的综合管理而闻名。新建筑设有屋顶绿化，而奥古斯腾堡市的屋顶绿化研究所，就是以其9500平方米的绿化屋顶成为斯堪的纳维亚半岛地区最大的屋顶绿化建筑。奥古斯腾堡市还安装了450平方米的太阳能板，地区的集中供热系统与太阳能板相连。

有机食物垃圾的沼气： 食物垃圾主要是用于汽车燃料的沼气，扭体建筑也是马尔默市关注生态循环的象征。每147间公寓就有一个垃圾处理点，用于食物分解，并将其排放到中心处理池。这种有机泥渣可以用来产生沼气。

地区集中供暖： 马尔默市的区域集中供暖体系已经完善。该系统于1959年开始建设，如今马尔默市多数的热能供给来自所谓的"废"热资源。

可再生能源： 马尔默市政部门有一个远大的目标，即到2020年实现气候无影响化。在可再生能源效率方面进行投资，到2030年，马尔默市实现可再生能源供电。

利尔格朗德（Lillgrund）： 利尔格朗德海洋风力发电园在离马尔默市10公里外南部海岸的奥利桑德（Oeresund），是世界上第三大离岸风力装置工程。公园年发电量3.3亿度，有48台风力发电机，每台高115米，生产2-3兆瓦能量（图4.3.11）。（Http://powerplants.vatten fall.com/powerplant/Lillgrund?WT.ac=301）

图4.3.11　海上风力发电（来源于马尔默绿色城市索引）

节能建筑： 在西区海港哈格胡森（Flagg-husen）开发区，建成两座低能耗住房，该住房主要依靠自身日常家用电器和人体散发的热量保持建筑空间供热。

沼气： 能源供应商E.ON计划在马尔默市建立一个世界上最大的沼气发电厂，可以生产300GWh能源。

屋顶绿化： 除了降低洪水灾害和进行雨水过滤外，屋顶绿化还有助于建筑保温和减少城市热岛效应，也能为候鸟提供栖息地。这样既能促进城市生物多样性，又改善城市空气质量。除了环保作用，屋顶绿化还可美化城市景观（图4.3.12）。

图4.3.12a　小木屋上的屋顶绿化为城市景观提供了温和的色彩

图4.3.12b　西区海港的众多屋顶绿化©City Malmö

（摘自《可持续发展的马尔默市——实现可持续性》，马尔默市2010版）

4-4　景观设计师的观点——对三谷彻先生的访谈

三谷彻（Toru Mitani）
景观设计师
千叶大学园艺学研究生院教授

问题1：请问城市再开发与你自身的关联是什么？

我觉得有两个方面的关联。首先是1990年前后的品川区开发项目，占地14.8公顷，规划地段位于品川区车站东出口附近的原日本国家铁路货运场。对此区的开发我提出全开放空间的景观发展建议。其次，我也参与了独立高层区的开发，以及2000年左右的汐留市基础设施建设，尤其是其中的地区再开发规划项目和土地再调整项目。该项目占地31公顷，包括以前被称之为"汐站"（Siosite）

的JNR货运车站遗址（图4.4.1）。

问题2：请问品川区的城市是如何进行治理的？

据说，泡沫经济开始之前就对品川区进行了开发。东京大学负责该项目的整体规划，而我在刚从美国回日本的时候受邀加入。占该区总土地面积一半的东侧地块，已被科瓦（Kowa）房地产开发有限公司收购，由足立和夫（Kazuo Adachi）建筑师事务所以及日本设计公司Nihon Sekkei，Inc.进行规划。他们采用巨型体块式划分体系，东侧为

图4.4.1 汐留市

私人用地，西侧用于场地交通连接，两地块之间留有一个巨大的开放空间。为解决开发商日后购买土地再开发所产生的问题，规定开发商们必须服从这一规划阶段重要的规划安排。在此情况下，我参与一个专供行人使用的面积达2公顷的开放空间设计。同时，我创造了一个巨大的类似商场的空间，这个空间包括花园，延伸到地下层的坡地。在我参与的初期阶段，顾问公司向我展示了各式各样的设计效果图片，因此我有些直观的感受。具体来说，我认为如果开发兴趣或重点仅仅是商业利益，那么其结果将会是一个类似迪士尼乐园的地方。我确信这类表面开发现象的蔓延不是对城市发展最为有利的方式。我会想起学生时期所学到的那些著名的地方，其中最有名的就是种满樱花的御殿山花园。因此，我提议景观设计做些和这个类似的方案。我的建议刚提出，就有人谈及该地的"品川千本樱"（图4.4.2）的问题。该场地是回填土形成的，没有历史也没有名气，我的建议旨在丰富该平地的景观轮廓线（图4.4.3）。最后建成的结果是形成全新的地形和立体交通网。

图4.4.2 品川千本樱　　　　　　图4.4.3 品川中心公园

问题3：请谈谈如何在无特色的空间中创建识别性？

在这里，我要强调的是"勿创建公共空间"的主张。我说的话听起来可能有点极端，但是这就像我们在设计东西的时候，心目中设想的那个人是一个看不清面目的路人。这种将设计对象抽象化的现象常常渗入到那些公共空间设计中。我认为，对于设计师来说，回避这种设计模式就是特色空间设计的起点。当我设计一条长凳时，我当作为自己设计。在这种背景下，我将"自己"定义为一个能感受感官体验的公众的代表。如果对事情的设计是基于它适合任何设计对象这样的假设上，那么它就会变成日常且无趣的东西。因此我认为有必要在设计中依附些个人感受，包括肢体感觉。正如"柏树叶工程"，设计中倾注的情感就如在建设自己的庭院。

从上述意义看，"广场"这一术语是值得商榷的，这些有问题的方面都很好地体现在东京都政府大楼前的广场设计中。以日本文化角度看，我想到的不是西方意义上的广场，而是一个空间，其中包含街道（小路）和一个寺庙或神社的院落，简单说就是具有广场功能的庭院和道路。因为"公共"本身具有无特色或乏味等负面含义，而我试图创造的空间肯定也可以如公共花园或者公共场所一般的运营。我认为亚洲对"公共空间"的理解与西方所对应的"广场"不同。我想将亚洲和西方的概念相区分，界定其中的差异。我期望创造这样的一个空间，人们可以在那里随意漫步，他们可以友好地问候或微微鞠躬来温柔表达，而不会唤起那种身体拥抱或接触的强烈情绪。我的目的就是反思符合日本人需求的空间形态"广场"

的概念，并根据日本文化的特点对它进行新的诠释。

品川区的设计结果是那个樱花树的概念消失，取而代之的是同树种的林木种植带，从北延伸至南，在整个城区内创建一个重复的主题。我花费巨大精力创造了这样一个容纳空间，可以满足多种多样的使用。它是一个开放的空间，可以举行活动，可以遮阳，人们在那可以休憩。如果空间里能够呈现出满足各种个体的使用模式的多元性，我认为就是令人满意的空间。而那种从个别业主的意愿出发创建的各样风格的创作方式，是我一直避免的。

问题4：请谈谈发展城市识别性的成果。

我认为某种识别性特征已经形成。该建设场地约有10家企业进驻，联合投资人共同出资创建了一个管理公司，对该区进行统一管理。由于该地私属，小区服务热情，管理安全，各种设施服务细节到位，所以，甚至连孩子在小区游玩也很安全。作为一名设计师，我当时没有注意到这个方面，但我认为这种开发性的使用方式和私属土地管理系统基本上是不错的。

对于"柏树叶工程"也是一样。因为我希望所有人能够充满情感且温柔地使用着这些公共设施，所以创造一个有情有义的开放空间特别重要。这样的空间形式往往与一系列花园关联，而正是这些花园唤起参观者内心的情感。因此对这种设计中"软件"（社会影响过程）方面的重视也是非常重要的。

问题5：请谈谈识别性和可持续性发展之间的关系。

以日本为例。在伊势神宫式年迁宫[1]的仪式中，我们可以找到某种可持续性发展的认知。当可持续性一词使用时，觉得它是类似科学性的东西，而且现在有一种只强调物理环境的可持续性的倾向，其结果就是感觉"设计"元素遗失（笑）。如果用我目前参加的回填土项目为例，我的设计提案可以称之为"编造史"。任何开发项目都有规则，那就是土地使用中绿地要占一定的比例，所以我建议先种植高大的绿色树丛，然后再进行建筑的建造，这样的话，绿地就不会被侵占。我在思考横滨"未来港口21"项目时发现了一些很遗憾的情况，当时开发工作已着手进行，商业贸易已开展，炫目的建筑也建成了，在场地一边却留出两块空地，上面空空如也，和整个区域发展没有整体上的联系。考虑到时代已经朝着城市缩减方向发展，我认为虚无的空间可以作为景观背景的组成部分，好比照片中会考虑景致中的虚实空间。那么建设开发工作顺序中就会在某个阶段表现为土壤改良工程的形式，并依此将开发工作分为第一、第二、第三个阶段，直至出售，其发展过程好像明信片展现的景点。换句话说，目前城镇景观发展还处于未完成阶段，还只是该景观的一个状态，对它未来的景观可以怀着期待的心情乐观地去设想。

（从列斐伏尔强调的"艺术"概念，我们能否因此想到识别性、可持续性发展以及艺术是联系在一起的？）

从海德格尔谈及的希腊术语技艺（技术），我们可以了解到，在使用中，正是手和手触碰的那一刻，我们可以从中发现创造的原点。但随着时间的推移，渐渐地，这种情况演变成"技术"或"技艺"，与人手脱离而转向了机械。同时人与人之间也变得疏离。而在这种情况下，我相信艺术能够重构和唤回那个真实的感知世界，"能够恢复那种感受环境和体验存在喜悦的时刻"。在日本庭院的筑造中，使用石块路面铺设各种地面设施，可以在上行走。当我们在庭院中游走就会了解到这些功能，然后唤起身体和地面的连接知觉。

注释：

1. 神宫式年迁宫：伊势神宫每隔20年就会进行例行的翻新工程。翻新内容包括内宫（皇大神宫）、外宫（丰受大神宫）这两个正宫的正殿，以及14个独立的神社。在翻新过程中，所有这些神社将在旁边选址新建。对此过程有各种不同的解释：技术上，未上漆的立柱防潮性能有限，需要把它们整根去除，在相邻的位置换新支柱；还有需要通过不断的清洗和更新的过程处理多年来积存的污垢；通过定期的翻新重建，那些从弥生时代就世代相传的施工技术可以得到保存。要知

124

道，日本的住宅对地震和自然灾害的抵抗力很弱，这常作为可持续发展的精神文化的象征。目前还不清楚上述这个过程和日本城市再开发项目中常常采取的"废旧建新"技术之间是否有关联。

识别性与可持续性的讨论

木下勇

从前面谈及的所有分析案例中可以总结出一些共同关心的争议性观点。第一，在日本，人们通常讨论的还只是"废旧建新"模式是否可以形成城市的识别性，是否是一种可持续性的发展模式。与之形成对比的是，瑞士人们所关心的则是场所的历史性对城市识别性建立的重要性，而这也是第二个关注议题。这方面的争议也和冈部在欧盟议案中提出的侵入性（外来性）和防御性（保护性）概念有关。侵入性是一种策略，举例来说，人们雇佣某个知名建筑师，如弗兰克·盖里或让·努维尔，通过他们设计地标性建筑给城市带来再获新生的城市印象。而防御性概念则与城市的历史文脉、自然、当地特色的维护相关，这些正是一个场所的历史传统识别性所在。第三个方面的议题是在都市的开发中考虑识别性的原因及内涵。要讨论第一、第二方面的议题，很有必要梳理一些意义和想法。第四，在探讨以上议题之前有必要厘清发展的可持续性和识别性之间的关系，这也是本章的主题。比如，环境治理的方法可以成为某个城市场所的识别性特征。就如我们在马尔默市看到的，这可以通过市民和公司的参与形成公私合作关系来实现某一目标。这一目标可能指向某种可能性，它和城市生活品质有关，与市民的自豪感、城市归属感相连。为了便于讨论，我还选取了一些之前没有谈及的相关案例来对这些问题进行深入的探讨。

1. "废旧建新"的方式是否可以形成城市的识别性，是否是一种可持续的发展模式？

如前所述，在日本，一半以上负责市区重建项目的行政官员认为"废旧建新"可以形成城市的识别性。他们的依据就是那些"特色化的建筑设计"和"景观设计"，如场地中的林木和开放空间等。这暗示着我们对建筑师和景观设计师的角色有很高的期望值。

如一开始就解释的，日本市区重建项目或多或少在各处建了些雷同的都市景观，如火车站前广场所展现的那样，当车站没有足够的空间或者宽阔的道路时，经过频繁的项目申请，原本私有的土地就会整个划成该公建扩建用地的配额，因此，无须政府购买土地，公共设施建设就能开展。这种方法在日本很常用。共识性、土地所有权的转换、项目的营利性都作为优先考虑内容，因此建筑物的设计像方盒子一样能够使用整个场地立体空间的容量，而没有考虑设计元素，或者可以说就没有从这个思想维度去考虑，只要城市发展遵循常规系统，就会被认可。在这种情况下，一个开发项目所导致的正面或负面影响关键在于公共管理方面的规划能力、督导和领导能力。因为项目就是项目，需要遵循城市发展的基本原则。"没有规划就没有发展"，城市规划行政主管应该提前为一个区域的发展设想，并且有效地应用到项目指导中。虽然这种规划设想责任正向包含时间元素的管理形式转移，就像后面所讨论的。

都市再开发项目造成各处雷同的景象已受到人们的批评，被认为是该发展模式的局限性使然。1996年，一股新风吹了进来，这就是福冈市的博多运河城项目（图4.5.1、图4.5.2）。开发商福冈地产委托美国的杰德研究所（JPI）负责该项目，其中约翰·奥斯本（John Osborne）作为JPI的领导者，组织由设计专家团队组成的项目推广体系，正是他们创造了该市不同凡响的空间。在景观方面，有EDAW*和其他人加入。这是第一个将开放式的空间设置在市中心的建设项目，如图所示，可以看到有吸引力的户外

注*：EDAW从2009年10月改名为Design+Planning at AECOM。

图4.5.1 福冈市的博多运河城

图4.5.2 福冈市的博多运河城

图4.5.3 北九州市沿河步行道

图4.5.4 北九州市沿河步行道

空间是吸引客户的一个因素。此外,尽管这个项目也是"废旧建新"的,但不失为运用博多运河城作为比喻手法强调当地识别性的成功案例。在福冈运河城项目后,福冈随即发起了北九州市的小仓市重建项目。在北九州市的沿河步行道,JPI和EDWA再一次创造了一个开放空间,沿河道连接着当地具有代表意义的紫川河和一栋2003年重建的特色建筑(图4.5.3、图4.5.4)。

从这些例子中我们可以了解到都市重建项目所能发挥的影响力，它能创建新的城市设施吸引顾客，强化当地识别性。当然，在这种情况下，不仅仅是市区重建项目有了识别性的特色，周边的环境，特别是开放空间、购物区以及当地和谐的气氛、空间上的连续性都有助于这样的一个识别性特点的强化。这和瑞士苏黎世西区和苏尔寿情况类似，在那里，尽管某些开发区都是全新的建筑。但是周边老厂房还是保存下来，通过这种老与旧的结合强化当地文化的识别性。换言之，将可持续发展和识别性一起考虑不仅仅是为了都市再开发区本身，也是为了包括周边代表性老城区在内的城市街区的完整和连贯。而在此基础上，发展策略和管理体系才得以筹划。

2. 请问场所的历史性对识别性的形成有必要吗？

如前所述，日本的都市重建项目是一种大拆大建的模式，因此保留老建筑可能性不大。但是他们可以作为公共空间来部分保存，就如开放空间一样。

北海道郊区的KN区，过去只是旧工厂和仓库（图4.5.5）。然而，近年来，它获得了新生，成了大城市近郊的高层公寓建筑区。关于这个区的重建工作，1993年就有了"市区重建总体规划"，当时发生了保护砖厂和石材仓库（这些刚好在该规划区域内）的运动。后来，根据2001年城市景观条例，旧砖厂被定为该市具有城市景观重要性的一号建筑（目前为札幌风景资产），可以作为集会设施得以保留，并有资格获取资金补贴，从而旧砖厂在开发区保留了下来（图4.5.6、图4.5.7）。

图4.5.5　北海道KN地区开发前工厂景象©Tobe

虽然用作剧院的旧石材库（本不可能用作剧场）已经破坏了，但是用途限制比较松，而且在另一栋新建筑的一层已经加设新的剧场。

图4.5.6 经历城市再开发项目 图4.5.7 KN地区保留旧砖厂建筑内景
后的KN地区景象

当我开展项目听证
会时，旧砖厂已经在维
护和翻新，处在管理争
议中。由于该处没有区
域管理组织，那么就需
要多加考虑社区影响
方面的因素。正如彼
得·诺瑟先生谈到有关
苏黎世情况时所说的，
为了避免时间的浪费和

图4.5.8 KN地区再开发项目区火车站对侧风景

导致工程质量降低的妥协，在开发项目早期就为参与和对话留出位置是十
分重要的。

此外，在再开发项目区，火车站的另一边有许多空置的商店，在整个
计划中，它被设计成一个空中步廊连接火车站的两侧，这在日本北方十分
独特，但是空中步廊与户外开放空间不相连（图4.5.8）。如果有一个悉心
设计的沟通过程，使旧砖厂保护运动成为市民参与型的区域管理活动，那
么就有可能通过砖厂的使用来强化地方特色，但是目前砖厂并没有被充分

利用，反而成了社会文化甚至是经济可持续发展的重大难题。

　　另一方面，旧厂不是一片空地，1990年左右开始，在长野县利达市中心振兴城市再开发项目中，有一个开发计划是连接该市中心火灾后留存的黏土仓库和一个名为"内界线"的技校巷道，靠市民捐出一米宽的后院用地用作该区的恢复性调整，该巷道成为城市的疏散通道，然后连接到该开发建筑区内和黏土仓库同期建起的露台，一直通向"三连藏"微型公园。在整个计划中，他们尊重都市历史性的基础设施，加强人行路网，因此城市变得更富魅力（图4.5.9、图4.5.10）。在此开发项目之前，该市进行了一项苹果走廊开发建设项目来提升城市发展活力，这一项目源自1947年大火之后中学生的建议。现在已经成为这个地区的象征，并且市民和中学生都有参与到这个项目中（图4.5.11）。这也是一个案例，开启了一种新方法，推翻固有的开发项目概念，把项目分成一个个小而连贯的项目，就像一号公车、二号公车排序。这样的做法之所以成功，首先是因为那些注入投资的市民志愿者成了开发商，称为"社区营造公司"，一起来推动项目，与城市紧密合作进行区域管理（图4.5.12）；其次是因为除开发区和特色性开放空间网络建设计划（如苹果走廊）之外，该市对整个市中心有整体的发展规划（图4.5.13）。

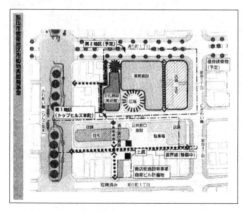

图4.5.9　利达市城市再开发项目开放空间网络

图4.5.10　利达市城市再开发项目保留的仓库

图4.5.11　利达市苹果走廊项目的规划研讨会

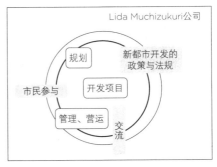

图4.5.12　利达市社区营造公司职能

图4.5.13　利达市完成后的苹果走廊项目

图4.5.14　利达市苹果走廊项目建设的生态住宅

　　除了核心业务，如项目开发、一些调查和研究，社区营造公司其他主营内容有：1）城市微型开发项目；2）产品销售和餐饮业；3）活动企划和文化事务；4）福利事务。此外，他们还扩大了与社区福祉相关的网络范围，以及与音乐和文化相关的网络，从而建立有效的城市网络体系。开放空间网络建立则利用当地独特的空间资产，如苹果走廊项目、黏土仓库和Rikaisen项目提升了城市识别性，市民的活跃性明显增强。还有，依循环保示范城市的政策，发展低碳市中心的计划也正一并发展（图4.5.14），它是一个很好的例子，其中的社会（文化）、环境和经济的可持续发展与城市文化识别性特点能联系在一起。

　　鉴于上述情况，场所的历史性似乎对创建识别性是必不可少的。即使只是部分如此，如果它与历史元素相连，或者周边地区有某些这样的元素，那么历史性似乎就能够发挥作用。即使在一个新城区，历史性也可以作为隐喻使用，正如马尔默市所做的那样。

图4.5.15 "废旧建新"项目后场所的历史记忆留存在纪念碑上

当需要隐喻手法的时候，要注意，如果手法不是非常的巧妙，历史的隐喻与象征不会有效果。就像人们常常用纪念碑作为历史隐喻的方式，而这似乎无助于他们所期望的当地文化识别性的形成（图4.5.15）。

3. 关于人们的居住空间

我们已经开始意识到，市场经济贪得无厌地追求利润成为世界可持续发展的威胁。例如，新自由主义思想盛行、日益扩大的贫富差距、巨型怪物般的投机性市场，还有这些问题交织在一起的环境问题。我们已经进入社会、环境和经济持续发展都面临威胁的时代。现代社会人们所追求的是精神富裕，而不是物质富裕，显然人们的需求已经从物质占有式的富裕转变成追求生活的幸福（图4.5.16）。

图4.5.16a 巴塞罗那的人造海滩使人们接近自然时更加有度假的感觉

图4.5.16b 苏黎世有许多享受城市自然环境的娱乐项目©Markus Schneider

我认为，亨利·列斐伏尔在空间之生产的辩证中已经提出这样的发展方向（见第39页）。

在列斐伏尔的研究报告中，辩证地讨论了"可以感觉到的东西"、"可以想到的东西"和"可以拥有的体验"，爱德华·苏嘉（Edward Soja）据此整理出第三空间的展开内容：

• La pratique spatial[空间的实践]→percu[感知] →不加思考的重复生产和再生产，特定的地点和每个社会形态的空间设置特点，连续性和一定程度的凝聚力，有保证能力水平和特定的表现水平。

• Les représantations de l'espace（空间的表象）→conçu的（构思）→生产关系，"秩序"，知识，极好，规范，非"正面"关系，规划的支配地位，对视觉的绝对意向性，文字理解的可能性。

• Les espaces de représantation（表象/再现的空间）→vecu→对意识形态的反思或者认知性的时间等方面契机的概念构思能力，复杂的象征关系，秘密的，作为表象空间法则的艺术等（Lefebvre，1974，1991，p.33）。

列斐伏尔将艺术当作第三空间的例子辩证展开。为什么是艺术？开始我觉得这样太唐突。然而仔细阅读他的文字，似乎说的是主观性，因为他在书的结尾对关键字'作品'做了描述。

"对于这个过程方向，其开端是可辨的，我们试图如上对它进行描述。正是这种方向，其趋势是无法割裂和分离的。特别是在作品中（它是独特的：一个有着'主体'印记的课题物件，或是创作者、艺术家和单个的、不可重复的时刻）和产品（这是可重复的：是重复性身体活动的结果，因而具有重复生产性，最终能带来社会关系的自动复制）之间。

人类这样的物种产生的空间，是这个物种的集体（通用性的）作品，以一种被称为'艺术'的模式生产出来"（Lefebvre，p.422）。

如果这样理解这段文字，似乎他认为建筑师和景观设计师创造的空间应该是件艺术品。然而，实际并非如此。虽然专家能发挥作用，但更应该看空间使用者的独立性。事实上，城市空间充斥着大众消费社会的重复性产品。但是，如果人们能够将空间当作他们生活的场所独立出来单独呈现，那么在这样的空间中，人及其独特性就能够得到体现。如果人们能够将自己和这样独具特色的空间建立某种联系，如空

图4.5.17　个人空间

间的某一段历史，那么空间就会成为这样的场所——人们能够生活其中并展现出与场所相符的特征（图4.5.17）。

西田几多郎也有过同样的表述。

"在历史中，当主体和环境相遇时，前者能够成就后者，而后者也能成就前者，正如历史和未来在当前队里，从哪来正是到哪去的一种似是而非的自我认同"（《绝对矛盾的自我认同》，1939）

无论是用"废旧建新"建造全新的城区，还是用保护建筑，守住历史遗迹、文化识别性和发展的可持续性的方式，这种历史和未来争锋所产生的矛盾都会存在，并与这些空间交织。问题是人们可以生活在其中吗？

4．可持续性与识别性的关系

我会从可持续性与识别性的角度重新解读早前介绍的有关日本和瑞士的案例。

在这个章节中，我设定了两方面的指标，一方面是环境、社会、经济的可持续性；另一方面是形象性（感知）、场所的感受（思想）和宜居空间（存在），并运用林奇和列斐伏尔的理论作为参考。表4.5.1罗列出了每个实验性案例相关的细节。

案例中的识别性与可持续性特点

表 4.5.1

苏尔寿地区（SulzerArea）			
可持续性＼可识别性	意象性 易读性，意味	场所感 归属感，依恋	生活空间 反无场所性，世俗性
环境可持续性 ［含生态可持续性］	历史性老工厂再利用	新与旧的结合 环境关注与意识	永久性中间地带使用
社会可持续性	公共宣传	艺术 开放性事件	合作化管理模式
经济可持续性	品牌、口碑营造 独特性	多功能、混合使用 新与旧的统一 不同商业种类关联	缓慢发展 独特性价值 生活品质提升 多样性

新奥利康（Neu-Oelikon）			
可持续性＼可识别性	意象性 易读性，意味	场所感 归属感，依恋	生活空间 反无场所性，世俗性
环境可持续性 ［含生态可持续性］	具有象征性、代表性的公园	旧工厂区的怀旧情怀	公共开放空间
社会可持续性	公共宣传	艺术	公共开放空间
经济可持续性	品牌、口碑 公司形象	公共空间设计竞赛	本地区域发展基金

苏黎世西区（ZurichWest）			
可持续性＼可识别性	意象性 易读性，意味	场所感 归属感，依恋	生活空间 反无场所性，世俗性
环境可持续性 ［含生态可持续性］	步行、自行车、开放空间城市网络 公共交通	新建筑与旧建筑混合 开放空间设计 环境关注与意识	中间地带使用 保护 河川（等城市自然资源）连接与利用
社会可持续性	公共宣传 信息中心	艺术 文化事件	区域管理模式 市民参与 论坛
经济可持续性	品牌、口碑营造	多功能、综合利用 地区自足发展 高层建筑	公共与私营之间合作 独特性价值 生活品质 多样化

可识别性和可持续性的案例分析-MM21，港口区，BankART			
可识别性 可持续性	意象性 易读性，意味	场所感 归属感，依恋	生活空间 反无场所性，世俗性
环境可持续性	地标 地景指导原则	红砖货仓 历史部分的保留， 如修船厂	海岸边的开放空间 （城市自然环境资源）
社会可持续性	历史和世界著名的 海港城镇 公共宣传	文化事件 艺术	管理营运公司 开发发展协会 参与性
经济可持续性	品牌、口碑营造	多功能、混合利用 差异化	公共与私营之间合作

可识别性和可持续性的案例分析-东田反五			
可识别性 可持续性	意象性 易读性，意味	场所感 归属感，依恋	生活空间 反无场所性，世俗性
环境可持续性	区域发展协定 环境友好指导原则	庭院和步行通道网络 开放空间的连续性	河川凉风等都市自然 资源环境的利用
社会可持续性	小厂区和现代高层 建筑	旧组织和新参与者 之间交流	发展促进协会
经济可持续性	技术开发区（在小 厂区的高技术新城 中心）	多功能、混合利用	街道个性化、可识别性 经济繁荣课题

可识别性和可持续性的案例分析-丰洲			
可识别性 可持续性	意象性 易读性，意味	场所感 归属感，依恋	生活空间 反无场所性，世俗性
环境可持续性	开放空间设计	都市码头大台阶 （纪念碑）	环境友好示范地区 （绿色生态岛计划）
社会可持续性	靠近城市中心的新 开发	发展促进协会	城镇管理研究会
经济可持续性	市场营销 大型商业设施	便利性 多功能、混合使用	儿童设施（儿童体验 设施建设）

表中显示，在日本和瑞士都普遍存在的是：混合利用、公共开放空间、有海洋和河流等城市自然环境、人行路网、关注环境、历史的继承性（新老结合）、艺术、公众参与和管理。

混合利用：尽管表达有些抽象，但如果像苏黎世西区住房设计竞赛中的规划一样，居住与工作毗邻，能够实现就近工作、居住的混合利用类型，就能够朝环境、社会或经济的可持续性方向发展（图4.5.18）。

公共开放空间：指舒适、放松的交流和活动场所，就像公园、集市、庭院或与此类似的空间，这同时也是体现城市生活品质的空间。在建设有特色的公园或公共开放空间的同时，还需要不断地审查空间的内涵，正如苏黎世在人与场所之间建立某种联系，使之成为宜居的空间，这也是场所识别性必不可少的特征（图4.5.19）。

图4.5.18 苏尔寿的混合利用模式

图4.5.19 公共空间品质的提升使城市生活更加宜居（利达市苹果走廊项目）

城市自然环境：像横滨、丰洲市的海洋（港口），以及东五反田和苏黎世西区的河流一样，都市自然景观和人行道相连，作为早前提到的公共开放空间的延续。如果有更多的人能够使用这些资源，自然环境得以改善，人们就能够从中受益：不需要远足就能享受自然景色，这与那些去外地旅游观光或度假一样丰富多彩。全球化带来的城市观光旅游，其成功依赖于城市自然景观的恢复。苏黎世夏季游泳节、海洋浴，马尔默市的休闲娱乐以及那些提高城市生活品质的活动，都能加强地方的识别性。一个典型的成功案例就是巴塞罗那的巨型海滩，在大城市中存在这样的海滩，不得不说是奇迹（图4.5.20）。

人行路网：漫游城镇的乐趣在于穿梭于人行道和沿街商铺之间，遇到有趣的事情是必然的，比如，有时驻足于营业的咖啡馆所碰到的种种事情。从这个意义上来说，除了城市街道，还可以利用私人住所提供的空地来连接人行道形成慢行网络，增添漫步的乐趣。自然，它也可以成为公共开放空间，连通集市、公园和城市自然景观（图4.5.21）。

图4.5.20　巴塞罗那巨大的人造海滩使自然和城市更加亲密　　图4.5.21　苏黎世西区的城市再开发使沿河步道提质

环境友好：现代建筑使用地热、太阳能发电，地方社区争做环境友好型社区，例如将地方供暖和供冷设施的环境友好性作为地域特色，开展竞争。预计将来会有更多的举措，如绿色屋顶和绿化墙体链；生态环境营造；引入河流上空的凉风，通过森林再造后，利用森林提供的冷空气冷却城市热环境，而这些都能加强当地的识别性（图4.5.22）。

历史的继承性（新老结合）：历史的延续性不只是保护，在原有的基础上植入新的事物，也是将历史延续至未来的工作方法。如欧洲那种介于保护与使用之间的使用方式，在保护的同时尝试性的使用旧建筑，对地震等灾害频繁的日本来说，结构上就存在困难。因此，日本优先采取的是"废旧建新"模式，对于建筑物的保护方式与欧洲完全不同。在日本，历史性成为某种隐喻形式或近期被转成这种形式。人们或多或少已经开始

图4.5.22　绿色屋顶和绿化墙体链将成为一种趋势（大阪市Namba公园）　　图4.5.23　城市再开发中新与旧的结合使一些特殊的景观被当成原有物（苏黎世西区）

意识到即便这种转变只有一部分，也是有历史文化根源的，保护历史有助于创造独特的识别性。它将创造这样的场所：人们在其中可以孕育爱和尊严，肯定自我存在，这些都将成就发展的可持续性（图4.5.23）。

艺术：在城市发展中，艺术作品常常用于区域的公共艺术在各种不同的地方展示。这种现象在纽·欧瑞康、苏尔寿区和MM21等地出现。然而，像列斐伏尔所述的"宜居空间"一样存在的艺术和艺术作品，并未有出现。可是，它们却能激发人们的灵感，让他们主动地充分利用自己的空间，衍生独特

图4.5.24　艺术是魔法，修旧如新

的活动，创造宜居空间。这些都能够传递当地的特色文化和信息，或者吸引新的商务或投资（图4.5.24）。

参与及合作：通过各类活动吸引人们反复来参与或者生活其中，如同他们认识和热爱那个地方；或者吸引商业实体来进行投资，这些参与性的活动就是策略，可以带来项目的成功，也是人们通常采用的战略。但是，商机和早前所说的部署都取决于前往的消费者和潜在的合作者是否基于某

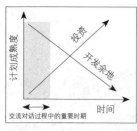

图4.5.25 计划时间与交流对话

图4.5.26 通过竞赛、展览和讨论会等形式，公众参与过程囊括了利益相关者、专家、居民等（苏黎世西区）©City of ZürichWest

些原因开始关注这个地方。因为我们无法预计这种合作伙伴会在何时何地出现。所以公平的、不间断的公关策划以及举办市民参与活动就变得非常重要。策划活动不能简单地把公众作为被动的接受者，否则公众无法融入活动中（图4.5.25）。在此，有必要重申诺瑟先生的话："在开发项目前期就为参与和对话预留了位置，可以避免浪费以后的时间和导致降低工程质量的妥协"。通过主持开放论坛及诸如此类的平台，让不同的人及利益相关者公开发言，通过民意来厘清当地的特色，通过举行设计竞赛来鼓励市民参与设计方案及思路的讨论，正如苏尔寿市和苏黎世西区的城市开发故事一样，他们在参与及合作方面都相互肯定对方（图4.5.26）。

区域管理：上述因素是否可以得到充分利用的关键在于管理模式。项目经理总是想维持或者提高项目质量，加强相关利益各方的沟通，协同相关政府部门的工作，鼓励居民和市民参与，然而整个区域的振兴取决于土地所有者、租户和居民能够独立的参与城市管理体系。这样一来，在初步规划之后，区域管理就十分必要，还有场地规划、规划实施、施工、维护和建后管理，以及周边环境的区域管理。社区营造是没有止境的。这样，主体将会替代政府的职能来承担地方管理工作，会像一个小政府一样变得更加重要。它可以鉴别哪里需要通过项目开发解决当地问题，哪里需要放弃从长期来看不必要的项目。这个过程也许可称为缓慢发展过程，而其中，区域管理十分必要（图4.5.27）。

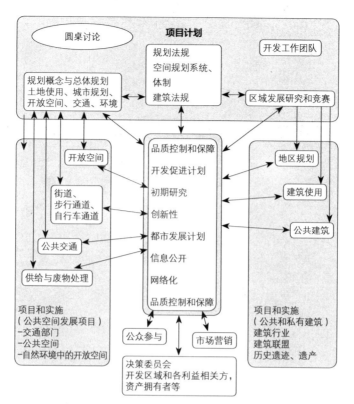

图4.5.27　苏黎世西区地区管理部门的区域管理模式

第5章 结语——遭遇识别性危机

具体环境标准应更多地强调幸福，而不是利益的生产。

——引自麦克斯·福德汉姆（2008）《幸福的角色》；珍妮·维尼克等，《建造幸福》，Black Dog Publishing出版，p.65

木下勇

目前所有的讨论都表明在城市发展和城市再开发项目中，识别性将会是越来越重要的因素。我也坚定地认为识别性与城市可持续发展紧密相关，并有助于环境、社会经济的可持续性。

那么日本的识别性是什么？它由什么组成？正如我们通常不会思考哲学命题"我们是谁？我们从哪儿来？要到哪里去？"一样，我们通常不会思考这些事情。人们还处在成长、识别性危机阶段，当他们在自我建设时期变得心理不稳定时就会经常思考这样的事情……

"危机"一词的起源，在日语里面叫作"kiki"，是"连接、转折点"的意思。世界全球化并被新自由主义竞争理论所主导，城市之间的竞争变得异常激烈，城市再开发项目被当成是赢得城市之间竞争的策略。然而，如果抱着像随着时间流动或追随时尚买股票一样的态度进行城市再开发，可能会遭受一系列严重的挫折。一味地模仿他人并不能体现自己的个性，个性是有着长远的目标的——要体现特色并能让人自信而自豪的生活。就像年轻人利用这种方式战胜个性危机一样，如果城市有独特的东西作动力，能够找到方法去思考在独特性里面融入某种东西使得人们居住和工作的地方让人觉得更幸福，城市的发展能不走向可持续吗？

"危机揭示真理"（神野，2012），日本曾被关东大地震等空前的灾难袭击；另外，官僚主义的不良影响以一种很明显的方式被揭露，如对核事件的处理，科学家和专家作为体系的一部分都持有责任，这暴露出各种各样的老式结构问题。我们能否从转折点中重获新生？

另外，雷曼（Lehman）下台之后世界经济变得越来越萧条，欧洲在继经济危机之后又爆发了希腊危机，我们前途未卜。据说，这是1929年世界经济大萧条之后的第一次经济危机，我们必须用一切办法避免像1929年的大萧条那样，因经济大萧条而引发世界大战。

爱利克·埃里克森（E.H.Erikson）（1969）在他年轻的时候详细地分析了甘地的识别性危机和严重冲突之下的矛盾结构。我猜想，甘地的非暴力主义和非占有主义思想就是在克服危机之处发现的。甘地最终依靠这种思想建立起了独立的社区。如果各地都变成那样的地方，那么世界就不会有战争。他的非占有主义思想宣扬了对繁荣和实现人类幸福的不懈追求。

这样，甘地的思想与喜马拉雅偏远区域的拉达克（Ladakh）简陋而幸福的生活相联系，正如海伦娜·诺伯格·霍奇斯（Helena Norberg-Hodge）（2009）在她的《古老的未来》中所描述的那样。它揭示了全球化给拉达克带来的冲击，以及现代化和发展造成的不良影响。一个年轻人曾自豪地说过"这里不再贫穷"，几年之后就在呼吁"贫穷的拉达克需要你的帮助"。货币经济拉大了贫富差距，全球经济催生了对不必要的东西的欲望，把时间与幸福从人们身边夺走，这就是事实。

拉图什（Serge Latouche）是提倡"负增长"和"后发展"，反对新自由主义的先锋。他认为，"为了增长而增长"这一目的决定了为了"可持续发展"而增长这一言论也值得怀疑的。"负增长"并非完全否认增长。看看我们的社会，人们毫不怀疑地将增长当作偶像或邪教一样崇拜，从另一个角度来说，贪得无厌的追求增长会导致可持续发展的崩溃（拉图什，2010）。

拉图什运用海德格尔哲学的基础，建立了以人为本理念的社会理论——解释行为学和主体间性判断（中野，2010）。这也与西田几多郎的"场所"（1927）和"完全矛盾的自我识别理论"（1939）相联系。

拉图什用生态足迹理论思考的同时，也重视自律地区与本土性。以通过自立共生及自律形成的节约型社会，以参与型民主主义为基础、建立新型公共性质的社会为目标。案例来自慢食的慢城和城中村。说到地方自治，甘地的思想似乎得到了体现。

拉图什提出的问题——"负增长"和"后发展"完全否定了城市发展或再开发吗？我不这么认为。苏黎世和苏尔寿地区的慢发展和区域管理尝试给出了暗示。我欣赏苏黎世是因为它的区域管理者是一位年轻的女性。

这似乎象征着E.拉尔夫（1976）引用考克斯（1965）的思想介绍的"反权力"。

一些扭曲拉尔夫主张的人批评指出如果没有增长或发展，未来将会变得更糟糕或黑暗。然而，他所说的是如果为了增长而增长是没有未来的，为了发展而发展或贪得无厌地追求经济利益，早在罗马俱乐部（1972）提出"增长极限"中受到批判。他想要表达的是在撕开发展或增长神秘面纱之后，为未来发展重新设立新目标的必要性。正如《古老的未来》所暗示的，或者如不丹针对国际提出的"国民幸福总值"（GHN）。在国际上，人们在对GDP增长率的希望与绝望之间徘徊，有必要再一次提问：在我们所处的社会中，什么是精神财富和人类福利？由联合国教科文组织提出的"儿童友好城市"中，指出"儿童的福祉是健康居住环境、社会民主以及好的社会治理的最终衡量指标。"因此，OECD成员国中的儿童都参与了衡量他们享受福利程度的调研（UNICEF，2007）。其中的一项内容表明日本30%的儿童表示"他很孤单"，是那些落后于日本的国家的三倍。儿童就是一面镜子，对社会的变化如金丝雀般敏锐。看着儿童那闪亮清澈的眼睛，我们就能明白什么是财富和幸福。也许我们能够意识到目前的偏见比以往更加严重，北部地区比南部地区更严峻。这就意味着，如果我们接受拉图什的建议并将它运用于城市开发，我们应当考虑是否有必要转换范式去创造一个让人们感觉幸福，而不是以依赖于土地价格增长作为土地神话象征的投机发展创造的高密度和质量的城市空间。识别性和可持续发展作为重要的因素包含在内。

一些案例研究呈现出一种趋势——基于文化、社会、历史和地方资源（如市民的创造性交易）的环境设计有助于识别性的塑造和可持续发展。一种可能就是利用地方独特资源创建品牌吸引人们，使经济上保持适度的发展水平，也许能实现可持续发展。在之前的章节中讨论的关键词如混合利用、公共开放空间、海洋和河流等城市自然环境、步行路网，考虑环境友好、历史传承（新老结合）、艺术、市民参与和管理也是创建高品质空间策略的重要因素。

为融合这些因素，区域管理的重要性将进一步提升。在发展中建立和加强识别性也依赖于周边区域的总体规划，打造商业项目的交流及管理，如项目建立以后的管理系统。识别性与环境、经济、文化、社会等方面的可持续性的关系，取决于贯穿全过程的区域管理。

对追求"以快取胜"为成长目标的全球化经济背景下的社会，应正视增长的极限与缩小型社会的现实；以慢行、递减、小型化为方向的管理如何前行？虽然"缩小规模"从增长的角度来说似乎是倒退，但现在已经不是经济高速发展时"规模大就是好"的时代了，已经转向舒马赫（Schumacher）提倡的"小而精致"审美观（1973）。我们如何重建个体的独立性并形成时空交融的、让人们感觉幸福的城市空间？也许塑造识别性实现可持续发展就是一种方式。

参考文献

Alexander, C., Ishikawa, S., Silverstein, M. (1977) *Pattern Language*, Oxford Univ. Press, アレグザンダー, C 他, 平田翰那 訳 (1984)『パタン・ランゲージ』鹿島出版会

Appleyard, D. (1980) Why buildings are known: A predictive tool for architects and planners, in Bradbent, G, Bunt, R and Llorens, T (eds.) *Meaning and Behaviour in the Built Environment*, John Wiley & Sons, Chester

Bachelard, G. (1957) *La poétique de l'espace (The Poetics of Space)* (岩村行雄 訳 1969)『空間の詩学』思潮社, p.47

Baudrillard, J. (1970) *La Société de consommation, The Consumer Society: Myths and Structures*, Sage Publications, ボードリヤール, J, 今村仁司・塚原史 訳 (1979)『消費社会の神話と構造』紀伊国屋書店

Carmona, M., Heath, T., Oc, T. and Tiesdell, S. (2003) *Public Places –Urban Spaces The Dimensions of Urban Design*, Architectural Press, Elsevier, p.97-99

Cox, H. (1965) *The Secular City*, Macmillan, Toronto, p.86

Deleuze, G. (1968) (Trans. Paul R. Patton, 1994) *Difference and Repetition*, Columbia University Press

Doria, L., Fedeli, V. and Tedesco, C. eds (2006) *Rethinking European Spatial Policy as a Hologram*, Aldershot: Ashgate.

Eberhard, F., and Luescher, R. et.al. (2007) *Zuerich baut / Building Zurich*, Stadt Zuerich Birkhauser, p.120

EC / European Comission, Regional Policy (2009/04) *Promoting Sustainable Urban Development in Europe -Achievements and Opportunities*.

EC / European Commission, Environment (1990) *Green Paper on the Urban Environment*, COM (1990) 218final.

EC / European Commission, Regional Policy (1997) *Towards an Urban agenda in the European Union*, COM (97) 197 final.

EC / European Commission, Regional Policy (2003) *Partnership with the cities –The Urban Community Initiative*.

EC / European Commission, Regional Policy (2003/08) *Ex-post Evaluation Urban Community initiative (1994-1999) –Final Report*.

Ende, M. (1973) *Momo*, Thienemanns Verlag, エンデ, M, 大島かおり 訳 (1976)『モモ』岩波書店

Erikson, E. H. (1969) *Gandhi's Truth: On the Origin of Militant Nonviolence*, エリクソン, E. H., 星野美賀子 訳 (1973)『ガンディの真理』みすず書房

Erikson, E. H. (1950) *Childhood and Society*, New York: W. W. Norton, エリクソン, E. H. (草野栄三郎 訳『幼児期と社会』日本教文社), 仁科弥生 訳 (1977)『幼児期と社会』みすず書房

Erikson, E. H. (1968) *Identity: Youth and Crisis*, W. W. Norton & Co, Erikson, E. H. (1959) *Identity and the Life Cycle*. Selected Papers, International University press, エリクソン. E. H., 岩瀬庸理 訳 (1973)『アイデンティティ』金沢文庫, p.56, p.309

Eyles, J. and Litva, A. (1998) Place, Participation and Policy, In Kearns, R.A. and Gesler, W.M. (eds.) *Putting Health into Place: Landscape, Identity and Well-Being*, Syracuse University Press, p.260

Fordham, M. (2008) The Role of Comfort in Happiness, Jane Wernick eds. *Buliding Happiness*, Colophon, Black Dog Publishin, g, p.65

Formas and the authors (2005) *Sustainable City of Tomorrow* Bo01 Experiences of Swedish Housing Exposition, p.106

Foucault, M. (1966,1970) *The Order of Things : An Archaeology of the Human Sciences*, Pantheon Books, フーコー, M, 渡辺一臣・佐々木明訳 (1974)『言葉と物』新潮社

Galbraith, J. K. (1958) *The Affluent Society*, H. Hamilton, ガルブレイス, 鈴木哲太郎訳 (1985)『ゆたかな社会』岩波書店

Geddes, P. (1915) *Cities in Evolution*, Williams, ゲデス, パトリック, 西村一朗訳 (1982)『進化する都市』鹿島出版会

Gehl, J., and Gemzoe, L. (2004) *Public Spaces Public Life*, Copenhagen 1996, The Danish Architectural Press & The Royal Danish Academy of Fine Arts School of Architecture Publishers

Girardet, H. (1999) *Creating Sustainable Cities*, Green Books Ltd.

Gratz, R. and Mintz, N. (1998) *Cities Back from the Edge*, New Life for Down Town, John Wiley & Sons Inc

Heidegger, M. (1927, trans. in Eng. by Macquarrie, J & Robinson, E, 1962) *Being and Time*, London : SCM Press, ハイデッガー, M, 桑木務訳 (1960)『存在と時間』岩波書店

Hervey. D. (1996) *Justice, Nature and Geography of Difference*, Wiley-Blackwell

Hervey. D. (2005) *A Brief History of Neoliberalism*, Oxford University Press, ハーヴェイ, D, 渡辺治監修, 森田成也, 木下ちがや, 大屋定晴, 中村好孝訳 (2007)『新自由主義 —その歴史的展開と現在』作品社

Herzog & De Meuron (2006) Vision Dreispitz. Eine Stadebauliche Studie, Christoph Merian Verlag

Hester, R. T. (2006) *Design for Ecological Democracy*, The MIT Press, p.4

Hochbaudepartment der Stadt Zurich (2004) *Entwicklungsplanung Zurich West*, Materialien zum Planungprozess 1996-2001

Hubacher, S. (2008) Sustainable Difference, in Ruby, I & A (eds) *Urban Transformation*, Ruby Press, p.113-4

Jacobs, J. (1961) *The Death and Life of Great American cities*, Random House, p.119-120, ジェイコブス, J (黒川記章訳 1977)『アメリカ大都市の死と生』鹿島出版会, p.149

Kaplan and Kaplan (1982) *Cognition and Environment, Functioning in an uncertain world*, Praeger, NY

Kinoshita, I. and Binder, H. (2007) A Study on Sustainable Area Management by Urban Regeneration Projects ~From some cases in Japan & Switzerland, International Symposium of City Planning 2007 Proceedings, City Planning Institute of Japan, p.660-669 (2007.8)

Kinoshita, I. and Binder, H. (2011) About Identity and Sustainability by Area Management for Urban Regeneration Project at Industrial Site –A Report Focusing on the case of SulzerAreal, Switzerland, CPIJ, CPIJ Review, No.46-1, p.31-36

Kinoshita, I and Nakamura, O (1997) A Study on Characteristics of Open Space Constructed by the Urban Renewal Project in Japan, The City Planning Institute of Japan, International Symposium on City Planning Proceedings, p.89-98

Kinoshita, I. and Nakamura, O. (2002) A Study on Designing and Management of Open Space through the Participatory Planning Process of Urban Renewal Project, Part 1 About Open Space in the Participatory Process

Kinoshita, I. and Binder, H. (2008) A Study on Identity and Sustainability by Area Management of Urban Regeneration Projects ~From Some Cases in Switzerland and Japan, Proceedings of International Symposium on City Planning 2008, 21-23 Aug. Korea Planners Association, Chonbuk National University, Korea, p.408-417

Kinsothita, I. (1999) The Apple Promenade in Iida City, in R.Hester & C. Kweskin (eds.) *Democratic Design in the Pacific Rim*, Ridge Time Press, p.92-99

Koll-Schretzenmayr, M. and Mueller, V. (2002) Projecktentwicklung und Vermarktung auf Industriebrachen, Rueckblick auf 14 Jahre ≪Sulzer-Areal Stadtmitte≫ in Winterthur, DISP 150, ORL Institute ETH, p.20-34

Latouche, S. (2010) *Farewell to Growth*, Polity

Latouche, S. (1984) *Le Procès de la science sociale*. Paris : Anthropos.

Latouche, S. (2004) *Survivre au développement* : de la décolonisation de l'imaginare économique à la construction d'une société alternative, Latouche, Serge (2007) Petit traité de la décroissance sereine, ラトゥーシュ, セルジュ, 中野佳裕訳 (2010) 『経済成長なき社会発展は可能か?―〈脱成長〉と〈ポスト開発〉の経済学』作品社

Lefebvre, H. (1968) *Le droit À la ville*, Economica, Paris, ルフェーヴル, H, 森本和夫訳 (1969) 『都市への権利』 筑摩書房

Lefebvre, H. (1974) *La Production de l'espace*, 1974, Anthropos, Paris (Translated in English by Nicholson -Smith, Donald, 1991) *The Production of Space*, Blackwell Publishing, 斎藤日出次訳 (2000) 『空間の生産』青木書店

Lynch, K. (1981) *Good City Form*, The MIT Press, リンチ. K, 三村輪弘訳 (1984) 『居住環境の計画―すぐれた都市形態の理論』彰国社

Lynch, K. (1960) *The Image of the City*, The MIT Press, リンチ. K, 丹下・富田訳 (1968) 『都市のイメージ』岩波書店

Mandanipour, A. (1996) *Design of Urban Space –An Inquiry into a Socio– spatial Process*, Wiley, p.221

Meadows, D. H., Meadows, D. L., Randers, J., Behrens, W. W. (1972) The Limits to Growth A Report for The Club of Rome's Project on the Predicament of Mankind, Universe Books, N.Y., メドウズ, ドネラ & デニス他, 大来佐武朗監訳 (1972) 『成長の限界―ローマ・クラブ「人類の危機」レポート』ダイヤモンド社

Montgomery, I. (1998) Making a City : Urbanity, Vitality and Urban Design, Journal of Urban Design, 3, p.93-116

Moughtin, C., McMhon, K., and Signoretta, P. (2009) *Urban Design –Health and the Therapeutic Environment*, Architecture Press, Elsevier

Muhmenthaler, W. and Testplanungs TEAM Sulzer (1992) Vernetzung und Schnittstellen, Testplanung Stadtmitte Winterthur

Norberg-Hodge, H. (2009) *Ancient Futures : Lessons from Ladakh for a Globalizing World*, Peter Matthiessen, ノーバーグ・ホッジ, ヘレナ (『懐かしい未来』翻訳委員会訳 2003) 『ラダック─懐かしい未来』山と溪谷社

OECD (2008) I*NSIGHTS –SUSTAINABLE DEVELOPMENT: LINKING ECONOMY, SOCIETY, ENVIRONMENT*, OECD, ISBN978-92-64-055742

Oswald, F. and Baccini, P. (1997) *Netzstadt*, ETH

Piaget, J. (1950) *The psychology of intelligence* (trans. by M. Piercy, and D. E. Berlyne) London : Routledge & K. Paul (original : 1949), 波多野完治・滝沢武久 訳 (1998)『知能の心理学』みすず書房

Plöger, J. (2007) Bilbao City Report, CASE Report 43, Centre for Analysis of Social Exclusion, ESRC Research Centre. Vicario, L. and Martínez Monje, P. M. (2003) Another 'Guggenheim Effect'? The Generation of a Potentially Gentrifiable Neighbourhood in Bilbao, *Urban Studies*, v40 n.12, 2383-2400.

Proshansky, H.M. (1978) The city and self identity, Environment and Behavior 10, 2 : 147-69

Relph, E. (1976) *Place and Placelessness*, London Pion, レルフ , E, 高野・阿部・石山 訳 (1991)『場所の現象学』筑摩書房

Schumacher, E. F. (1973) S*mall Is Beautiful : Economics As If People Mattered*, Blond & Briggs, シューマッハー・F. E., 小島慶三・酒井懋 訳 (1986)『スモール イズ ビューティフル』講談社

Schwarz, F. and Gloor, F. (1991) *Analystische und konzeptionelle Studien*, Suzler-Areal Zuericherstrasse

Soja, E. (1996) *Thirdspace* : Journeys to Los Angeles and Other Real-and-Imagined Places, Oxford : Basil Blackwell. ソジャ , E, 加藤正洋 訳 (2005)『第三空間』青土社

Stadt Zuerich (2004) Nachhaltige Entwicklung Zuerich West, Statusbericht 2004 aus Sicht der Stadt Zuerich

Stadt Zurich (2005) Hardturm-Areal, Zurich-West, Stadetebauliches Leitbild, Stadt Zurich & Hardturm AG

Stadt Zurich, (2006) Strategie fuer die Gestaltung von Zuecichs oeffentlichem Raum Stadtraeume 2010

UNICEF Innocenti Research Center (2007) An overview of child well-being in rich countries, UNICEF

Vetsch Nipkow Partner AG (1995) Sulzer Immobilien AG Winterthur Vom Indusrieraum zum Stadtraum Gestaltungsleitbild Freiraum

World Commission on Environment and Development (1987) Our Common Future (Brundtland Report), UN 96th plenary meeting, 11 December 1987, 環境と開発に関する世界委員会 (WCED ブルントラント委員会) (1987)『地球の未来を守るために』, 国際連合報告書 (福武書店)

大西隆 (2004)『逆都市化時代〜人口減少化のまちづくり』学芸出版社 (Oonishi, T. (2004) Gyaku Toshika Jidai (In a age of the De-urbanization, Gakugei))

岡部明子 (2003) 『サステイナブルシティ、EUの地域・環境戦略』学芸出版社 (Okabe, A. (2003) *Sustainable City*, Gakugei)

岡部明子・福原由美 (2007) 「EUのサステイナブルシティ政策―2000 年以降の展開」『季刊まちづくり』n15, p.96-106 (Okabe, A. and Fukuhara, Y. (2007) A policy of Sustainable City in EU, Machizukuri Quarterly, n15, p.96-106)

岡部明子 (2006) 「持続可能な都市社会の本質―欧州都市環境緑書に探る」『公共研究』v2 n4, p.116-141 (Okabe, A. (2006) Essences of Sustainable Urban Society, Koukyou Kenkyuu, v2 n4, p.116-141)

岡部明子 (2010) 『バルセロナ―地中海都市の歴史と文化』中公新書 (Okabe, A (2010) Barcelona, Chuko Shinsyo)

加藤政洋 (1998) 「他なる空間」のあわいに―ミシェル・フーコーの「ヘテロトピア」をめぐって―空間・社会・地理思想第 3 号 , 1-17 (Kato, M. (1998) In-between the other space –around Foucault's Heterotopia, Space, Society and Geographical Thought, v3, p.1-17)

河邑厚徳・グループ現代 (2000)『エンデの遺言』NHK 出版 (Kawamura, A. and Group Gendai (2000) Ende no Igon, A Will of Ende, NHK)

三浦展 (2004)『ファスト風土化する日本—郊外化とその病理』洋泉社 (Miura, A. (2004) Japan as Fast "Fudo" –suburbanization and its problems, Yosensha)

山脇正俊 (2000)『近自然工学』信山社 (Yamawaki, M (2000) Kin Shizen Kogaku, Naturnahe (close to nature) Technology. Shinzansha)

山脇正俊 (2004)『近自然学』山海堂 (Yamawaki, M(2004) Kin Shizen Gaku, Thought of Naturnahe, Sankaido)

寺山修司 (1975)『書を捨てよ街へ出よう』角川文庫, p.14 (Terayama, S. (1975) Syo wo Suteyo, Machi he Deyo (Go Outside Throwing Away Books), Kadokawa, p.14

小林重敬編著 (2005)『エリアマネジメント—地区組織による計画と管理運営』学芸出版社 (Kobayashi, S eds. (2005) Area Management, Gakugei)

神野直彦 2012.1.14 全国自治体職員向け研修シンポジウム・基調講演資料より, NPO 法人あい・ぽーとステーション (Jinno,N. (2012) Keynote Lecture at the symposium for the municipal officials in Japan, NPO Ai Support Station)

西田幾多郎 (1927)『場所』岩波書店 (Nishida, K. (1927) Logic of Place, Iwanami, Nishida's work reffer to http://plato.stanford.edu/entries/nishida-kitaro/)

西田幾多郎 (1939)『絶対矛盾的自己同一』岩波書店版 1989 (Nishida, K. (1939) Absolute Contradictory Self-identity, Iwanami version. 1989)

中野佳裕 (2010)「ポスト開発思想の倫理—経済パラダイムの全体性批判による南北問題の再検討—」, 国際開発研究第 19 巻第 2 号 (Nakano.Y (2010) Ethics of Post Development Thoughts, International Development Journal, v19, n2)

内橋克人 (2001)「生き続ける街の表象—日常の豊かさを求めて」シンポジウム「再開発から都市再生を考える」基調講演 (朝日新聞朝刊 2001.1.17) (Uchihashi, K (2001) Image of living City, Keynote Lecture at the symposium "Think about Urban Regeneration from Urban Development Projects", Asahi Newspaper 2001.1.17)

(株)みなとみらい 21 (2006)「特集 みなとみらい 21の計画概要と個別事業」MINATOMIRAI21 information Vol.77. 2006 March

木下勇 (2004)「海・まち育てのすすめ」, 小野・宇野・古谷編『海辺の環境学』東大出版会, p.212-251 (Kinoshita, I. (2004) Urban and Coastal Husbandry, Ono, Uno and Furuya eds. Ecology of Coastal Area, Tokyo University Press)

木下勇 他 (1998)『スイスの空間計画』農村工学研究63, 農村開発企画委員会, Kinoshita, I. et. al. Die Raumplanung in der Schweiz (Spatial Planning in Switzerland), A Series of Rural Engineering Study 63, Rural Development Planning Commission

和辻哲郎 (1935)『風土』岩波書店 (Watsuji, T. (1935) Fūdo, Iwanami, trans. By Bownas, G. (1961) Climate and Culture: A Philosophical Study Fūdo, Westport, CT : Greenwood Press)

作者简介

木下勇

日本千叶大学园艺学研究科教授，工学博士（1984年）。1978年毕业于东京工业大学建筑系。1979—1980留学瑞士联邦理工大学，1984年获得东京工业大学建筑学博士学位。曾任农村生活综合中心研究员、千叶大学园艺学部助教、副教授。2005年起任现职至今。他开拓了儿童和居民参与日本社区设计的发展方法。早期的典型项目是东京附近"三代游戏地图"的开发。他还一直致力于以开放空间的观点进行城市更新项目的研究。

出版著作有《工作营——居民为主体的社区营造方法论》（专著，学芸出版，2007）、《游戏与街区之生态》（专著，丸善，1996）、《街区工作》（合编著，学芸出版，2000）、《城市规划的理论》（合著，学芸出版，2006）、《海边环境学》（合著，东大出版会，2004），《儿童营造街区》（合著，萌文社，2010）等。

汉斯·宾德（Hans Binder）

建筑师，瑞士布格多夫伯尔尼应用科学大学建筑理论与城市规划学教授。1982~1988年在瑞士联邦理工大学学建筑，之后有在美国波士顿哈佛GSD讲座的实践经验。

完成学业后，他在瑞士Winterthur创立了Binder Architektur AG建筑师事务所，1992成为教授。他开设了城市规划的研究生课程并多次应邀到德国德累斯顿、法国巴黎做客座教授。他的大部分著作都是关于日本建筑和自身作品的。

冈部明子

建筑师，日本千叶大学建筑学与城市政策副教授，环境学博士。1981~1985年在东京大学工学部学习建筑。她在巴塞罗那的Arata Isozaki and Associates工作到1987年，并作为一个独立的建筑师与Masato Hori合作。她的著作有《巴塞罗那：一个地中海城市》（2000）、《可持续城市：欧洲层面的地域–环境战略》（2003）及《走向城市复兴：城镇作为公共社会资本》。

译后记

本书的翻译是集体智慧转译的结晶，译者4人均有博士留学海外的经历，在翻译过程中也对全球化进程中的城市空间所呈现出来的共性与异性特征，有了深入的再思考与碰撞。在全球化所影响的城市化进程中，究竟怎样从社会、经济、生态层面构建有识别性的城市可持续性？希望从事城市管理、规划、建筑、城市文化研究等相关领域的读者能从本书中找到答案。

——沈瑶

（湖南大学建筑学院城乡规划系副教授，日本千叶大学园艺学研究科博士。主要研究方向为儿童友好城市，地域规划与社区营造等）

城市的收缩或增长是近年来随着中国城市发展呈现出来的现象，体现城市空间发展上的某种不平衡。如何正确地认知城市化高速发展后的现象，并且采取适宜的介入态度和手段来回应，也许是木下勇教授这本论著被翻译及介绍给中国有关研究领域和城市建设从业者的意义所在。作为该书译者之一，有幸非常细致地了解研究者如何从可持续性和识别性两个角度切入，来剖析城市空间收缩后再开发和利用的成功案例，并从中提出一些富有参考意义的分析结论。文中第2章详细阐述欧洲城市对后工业时代空间收缩采取的综合治理措施，及其历史沿革。通过对瑞士、瑞典和日本相关城市发展规划策略进行比较，不但清晰点明空间可持续发展策略中的一些悖论，而且还提出了如何协调问题的方法或理论工具，概要说明东、西方在具体处理方式上的异同。因此，木下勇教授这本"缩小"城市研究的论著非常适合不同文化背景下关注城市发展的研究人士参阅，其中的分析和理论工具也十分具有开创性和启发性。

——谢菲

（湖南大学建筑学院建筑系讲师，英国诺丁汉大学建筑与环境系博士。主要研究方向和兴趣为可持续建筑和城市设计、可持续建筑革新转型、低碳建筑与人居环境等）

在继承并发扬美国和欧洲学者对空间社会属性的开创性、批判性认知的基础上，本书作者批判性地对当代社会商业化发展给城市带来的"识别性"危机进行了思考。难能可贵的是，作者并没有停留在批判本身，从本书的案例介绍可以看出，寻求改善城市社会、文化可持续性的可操作路径才是作者所追求的目标。

——周恺

（湖南大学建筑学城乡规划系副教授，英国曼彻斯特大学规划博士，国家注册规划师。从事城市信息交流参与平台、城市/区域空间数据分析和城市与区域规划理论研究工作）

该著作于2013年开始由湖南大学沈瑶副教授等组织共同翻译，作为译者之一深感荣幸，也是同事友谊的结晶。虽然该书的出版距离原著的发表已近十年，但时至今日，在当下中国城市面临大量老旧社区整治改造，城市品质提升，城市双修等艰巨任务和现实挑战的背景下，我们急需思考具有中国自身身份特征的规划设计方法和可持续发展的具体理论。而著作所述"可持续性差异"、"邻里培育"、"经济活动"、"特色的地方生活"等内容将为中国读者打开新的思考方式，再次发现现实实践路径。

——陈煊

（湖南大学建筑学院副教授，加州大学伯克利分校环境设计学院博士后。研究方向：1. 日常都市主义与非正规性城市空间；2. 丘陵城市设计理论与方法）